技工院校"十四五"规划服装设计与制作专业系列教材
中等职业技术学校"十四五"规划艺术设计专业系列教材

服装结构制图

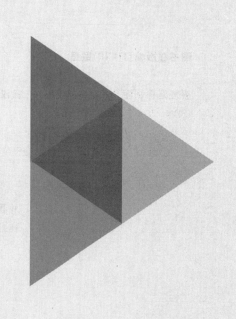

李春梅 罗丽芬 付盼盼 徐 芳 主 编
陈翠筠 陈细佳 副主编

华中科技大学出版社
http://www.hustp.com
中国·武汉

内 容 简 介

  本教材从服装结构制图概述、裙装结构制图、裤装结构制图、衬衫结构制图、夹克衫结构制图、西服结构制图、大衣结构制图七个方面对服装结构制图进行了较深入的分析与介绍。根据学生就业岗位需求,合理制定了学习内容,注重理论与实践相结合,突出技工教育特色。采用实例图片,帮助学生理解和应用服装结构制图方法。教材案例既有典型的服装款式,如西裙、西裤、男女衬衫、西服等,也有较多的流行款式,运用理实一体方式展开知识点的讲解和实训练习。本教材内容全面,条理清晰,注重理论与实践的结合,每个项目都设置了相应的实操练习,符合职业院校的人才培养需求,也可作为服装设计与制作行业人员的入门教材。

图书在版编目(CIP)数据

服装结构制图/ 李春梅等主编. — 武汉:华中科技大学出版社,2022.1
ISBN 978-7-5680-7870-2

Ⅰ. ①服… Ⅱ. ①李… Ⅲ. ①服装结构-制图-中等专业学校-教材 Ⅳ. ①TS941.2

中国版本图书馆 CIP 数据核字(2022)第 001586 号

服装结构制图
Fuzhuang Jiegou Zhitu

李春梅 罗丽芬 付盼盼 徐 芳 主编

策划编辑:金 紫
责任编辑:叶向荣
封面设计:原色设计
责任监印:朱 玢
出版发行:华中科技大学出版社(中国·武汉)   电话:(027)81321913
    武汉市东湖新技术开发区华工科技园   邮编:430223
录   排:华中科技大学惠友文印中心
印   刷:湖北新华印务有限公司
开   本:889mm×1194mm   1/16
印   张:12.25
字   数:400 千字
版   次:2022 年 1 月第 1 版第 1 次印刷
定   价:45.00 元

技工院校"十四五"规划服装设计与制作专业系列教材
中等职业技术学校"十四五"规划艺术设计专业系列教材
编写委员会名单

● 编写委员会主任委员

文健（广州城建职业学院科研副院长）　　　　　宋雄（广州市工贸技师学院文化创意产业系副主任）

叶晓燕（广东省交通城建技师学院艺术设计系主任）　张倩梅（广东省交通城建技师学院艺术设计系副主任）

周红霞（广州市工贸技师学院文化创意产业系主任）　吴锐（广州市工贸技师学院文化创意产业系广告设计教研组组长）

黄计惠（广东省轻工业技师学院工业设计系教学科长）　汪志科（佛山市拓维室内设计有限公司总经理）

罗菊平（佛山市技师学院应用设计系副主任）　　　林姿含（广东省服装设计师协会副会长）

● 编委会委员

陈杰明、梁艳丹、苏惠慈、单芷颖、曾铮、陈志敏、吴晓鸿、吴佳鸿、吴锐、尹志芳、陈思彤、曾洁、刘毅艳、杨力、曹雪、高月斌、陈矗、高飞、苏俊毅、何淦、欧阳敏琪、张琮、冯玉梅、黄燕瑜、范婕、杜聪聪、刘新文、陈斯梅、邓卉、卢绍魁、吴婧琳、钟锡玲、许丽娜、黄华兰、刘筠烨、李志英、许小欣、吴念姿、陈杨、曾琦、陈珊、陈燕燕、陈媛、杜振嘉、梁露茜、何莲娣、李谋超、刘国孟、刘芊宇、罗泽波、苏捷、谭桑、徐红英、阳彤、杨殿、余晓敏、刁楚舒、鲁敬平、汤虹蓉、杨嘉慧、李鹏飞、邱悦、冀俊杰、苏学涛、陈志宏、杜丽娟、阳丽艳、黄家岭、冯志瑜、丛章永、张婷、劳小芙、邓梓艺、龚芷玥、林国慧、潘启丽、李丽雯、赵奕民、吴勇、刘殷君、陈玥冰、赖正媛、王鸿书、朱妮迈、谢奇肯、杨晓玲、吴滨、胡文凯、刘灵波、廖莉雅、李佑广、曹青华、陈翠筠、陈细佳、代蕙宁、古燕苹、胡年金、荆杰、李津真、梁泉、吴建敏、徐芳、张秀婷、周琼玉、张晶晶、李春梅、高慧兰、陈婕、蔡文静、付盼盼、谭珈奇、熊洁、陈思敏、陈翠锦、李桂芳、石秀萍、周敏慧、邓兴兴、王云、彭伟柱、马殷睿、汪恭海、李竞昌、罗嘉劲、姚峰、余燕妮、何蔚琪、郭咏、马晓辉、关仕杰、杜清华、祁飞鹤、赵健、潘泳贤、林卓妍、李玲、赖柳燕、杨俊龙、朱江、刘珊、吕春兰、张焱、甘明坤、简为轩、陈智盖、陈佳宜、陈义春、孔百花、何旭、刘智志、孙广平、王婧、姚歆明、沈丽莉、施晓凤、王欣苗、陈洁冬、黄爱莲、郑雁、罗丽芬、孙铁汉、郭鑫、钟春琛、周雅靓、谢元芝、羊晓慧、邓雅升、阮燕妹、皮添翼、麦健民、姜兵、童莹、黄汝杰、薛晓旭、陈聪、邝耀明

● 总主编

文健，教授，高级工艺美术师，国家一级建筑装饰设计师。全国优秀教师，2008 年、2009 年和 2010 年连续三年获评广东省技术能手。2015 年被广东省人力资源和社会保障厅认定为首批广东省室内设计技能大师，2019 年被广东省教育厅认定为建筑装饰设计技能大师。中山大学客座教授，华南理工大学客座教授，广州大学建筑设计研究院室内设计研究中心客座教授。出版艺术设计类专业教材 120 种，拥有具有自主知识产权的专利技术 130 项。主持省级品牌专业建设、省级实训基地建设、省级教学团队建设 3 项。主持 100 余项室内设计项目的设计、预算和施工，项目涉及高端住宅空间、办公空间、餐饮空间、酒店、娱乐会所、教育培训机构等，获得国家级和省级室内设计一等奖 5 项。

合作编写单位

（1）合作编写院校

广州市工贸技师学院
佛山市技师学院
广东省交通城建技师学院
广东省轻工业技师学院
广州市轻工技师学院
广州白云工商技师学院
广州市公用事业技师学院
山东技师学院
江苏省常州技师学院
广东省技师学院
台山敬修职业技术学校
广东省国防科技技师学院
广州华立学院
广东省华立技师学院
广东花城工商高级技工学校
广东岭南现代技师学院
广东省岭南工商第一技师学院
阳江市第一职业技术学校
阳江技师学院
广东省粤东技师学院
惠州市技师学院
中山市技师学院
东莞市技师学院
江门市新会技师学院
台山市技工学校
肇庆市技师学院
河源技师学院
广州市蓝天高级技工学校
茂名市交通高级技工学校
广州城建技工学校
清远市技师学院
梅州市技师学院
茂名市高级技工学校
汕头技师学院
广东省电子信息高级技工学校
东莞实验技工学校
珠海市技师学院
广东省机械技师学院
广东省工商高级技工学校
深圳市携创高级技工学校
广东江南理工高级技工学校
广东羊城技工学校
广州市从化区高级技工学校
肇庆市商业技工学校
广州造船厂技工学校
海南省技师学院
贵州省电子信息技师学院
广东省民政职业技术学校
广州市交通技师学院
广东机电职业技术学院
中山市工贸技工学校
河源职业技术学院

（2）合作编写组织

广州市赢彩彩印有限公司
广州市壹管念广告有限公司
广州市璐鸣展览策划有限责任公司
广州波镨展览设计有限公司
广州市风雅颂广告有限公司
广州质本建筑工程有限公司
广东艺博教育现代化研究院
广州正雅装饰设计有限公司
广州唐寅装饰设计工程有限公司
广东建安居集团有限公司
广东岸芷汀兰装饰工程有限公司
广州市金洋广告有限公司
深圳市千千广告有限公司
广东飞墨文化传播有限公司
北京迪生数字娱乐科技股份有限公司
广州易动文化传播有限公司
广州市云图动漫设计有限公司
广东原创动力文化传播有限公司
菲逊服装技术研究院
广州珈钰服装设计有限公司
佛山市印艺广告有限公司
广州道恩广告摄影有限公司
佛山市正和凯歌品牌设计有限公司
广州泽西摄影有限公司
Master 广州市熳大师艺术摄影有限公司
广州昕宸企业管理咨询有限公司

序 言

技工教育和中职中专教育是中国职业技术教育的重要组成部分，主要承担培养高技能产业工人和技术工人的任务。随着"中国制造2025"战略的逐步实施，建设一支高素质的技能人才队伍是实现规划目标的必备条件。如今，国家对职业教育越来越重视，技工和中职中专院校的办学水平已经得到很大的提高，进一步提高技工和中职中专院校的教育、教学和实训水平，提升学生的职业技能，弘扬和培育工匠精神，已成为技工院校和中职中专院校的共同目标。而高水平专业教材建设无疑是技工院校和中职中专院校教育特色发展的重要抓手。

本套规划教材以国家职业标准为依据，以综合职业能力培养为目标，以典型工作任务为载体，以学生为中心，根据典型工作任务和工作过程设计教学项目和学习任务。同时，按照工作过程和学生自主学习的要求进行内容设计，实现理论教学与实践教学合一、能力培养与工作岗位对接合一、实习实训与顶岗工作合一。

本套规划教材的特色在于，在编写体例上与技工院校倡导的"教学设计项目化、任务化，课程设计教、学、做一体化，工作任务典型化，知识和技能要求具体化"紧密结合，体现任务引领实践的课程设计思想，以典型工作任务和职业活动为主线设计教材结构，以职业能力培养为核心，将理论教学与技能操作相融合作为课程设计的抓手。本套规划教材在理论讲解环节做到简洁实用、深入浅出；在实践操作训练环节体现以学生为主体的特点，创设工作情境，强化教学互动，让实训的方式、方法和步骤清晰，可操作性强，并能激发学生的学习兴趣，促进学生主动学习。

本套规划教材由全国50余所技工院校和中职中专院校服装设计专业共60余名一线骨干教师与20余家服装设计公司一线服装设计师联合编写。校企双方的编写团队紧密合作，取长补短，建言献策，让本套规划教材更加贴近专业岗位的技能需求，也让本套规划教材的质量得到了充分的保证。衷心希望本套规划教材能够为我国职业教育的改革与发展贡献力量。

技工院校"十四五"规划服装设计与制作专业系列教材
总主编
中等职业技术学校"十四五"规划艺术设计专业系列教材

教授／高级技师 文健

2021年5月

前 言

　　服装结构制图是服装设计到服装加工的中间环节,随着社会的发展,人们越来越追求个性的服装,怎样才能使服装合体,关键的一步就是绘制服装结构图,而服装结构制图不仅与服装的制图规格有关,还与选用的服装材料、款式、制作工艺有关。服装结构是否合理,不仅会影响服装的美观、舒适,还会影响服装的加工。因此,服装结构制图在服装生产中有着极其重要的地位,它是艺术和技术的结合,在服装设计中起着承上启下的作用。

　　服装结构制图是服装设计与制作专业的一门必修课,这门课程对于培养学生的创意想象能力、图形表达能力、读图和绘图能力起着非常重要的作用。本教材从服装结构制图概述、裙装结构制图、裤装结构制图、衬衫结构制图、夹克衫结构制图、西服结构制图、大衣结构制图等方面对服装结构制图进行较深入的分析与讲解,帮助学生了解服装结构制图方法,提升学生服装设计与制作能力。本教材结合市场发展趋势,注重理论与实践相结合,符合职业院校服装设计与制作专业教学的要求。在理论讲解环节简洁实用,深入浅出;在实践操作训练环节,以学生为主体,强化教学互动,让实训的方式、方法和步骤更清晰,可操作性强,适合技工院校学生学习。本教材理论讲解细致、严谨,图文并茂,理实一体,实用性强,可以作为技工和中职中专院校服装设计与制作专业的教材使用。

　　本教材在编写过程中得到了广东省轻工业技师学院、惠州市技师学院、东莞市技师学院、广东省交通城建技师学院等兄弟院校师生的大力支持和帮助,在此表示衷心的感谢。由于编者的水平有限,书中难免存在不足之处,敬请专家和读者批评指正。

李春梅

2021. 7. 23

课时安排 (建议课时 96)

项目	课程内容	课时	
项目一　服装结构制图概述	学习任务一　服装与人体	2	4
	学习任务二　服装结构制图基础	2	
项目二　裙装结构制图	学习任务一　直裙结构制图	8	16
	学习任务二　裙装变化款式结构制图	8	
项目三　裤装结构制图	学习任务一　西裤结构制图	8	16
	学习任务二　裤装变化款式结构制图	8	
项目四　衬衫结构制图	学习任务一　男衬衫结构制图	4	16
	学习任务二　女衬衫结构制图	4	
	学习任务三　连衣裙结构制图	4	
	学习任务四　旗袍结构制图	4	
项目五　夹克衫结构制图	学习任务一　女夹克衫结构制图	8	16
	学习任务二　男夹克衫结构制图	8	
项目六　西服结构制图	学习任务一　女西服结构制图	8	16
	学习任务二　男西服结构制图	8	
项目七　大衣结构制图	学习任务一　女大衣结构制图	4	12
	学习任务二　男大衣结构制图	4	
	学习任务三　风衣结构制图	4	

目　录

项目 一　**服装结构制图概述** ··· (1)

　　学习任务一　服装与人体 ··· (2)
　　学习任务二　服装结构制图基础 ·· (9)

项目 二　**裙装结构制图** ··· (17)

　　学习任务一　直裙结构制图 ··· (18)
　　学习任务二　裙装变化款式结构制图 ································· (31)

项目 三　**裤装结构制图** ··· (47)

　　学习任务一　西裤结构制图 ··· (48)
　　学习任务二　裤装变化款式结构制图 ································· (62)

项目 四　**衬衫结构制图** ··· (77)

　　学习任务一　男衬衫结构制图 ·· (78)
　　学习任务二　女衬衫结构制图 ·· (89)
　　学习任务三　连衣裙结构制图 ·· (101)
　　学习任务四　旗袍结构制图 ··· (109)

项目 五　**夹克衫结构制图** ·· (115)

　　学习任务一　女夹克衫结构制图 ····································· (116)
　　学习任务二　男夹克衫结构制图 ····································· (129)

项目 六　**西服结构制图** ··· (141)

　　学习任务一　女西服结构制图 ·· (142)
　　学习任务二　男西服结构制图 ·· (154)

项目 七　**大衣结构制图** ··· (161)

　　学习任务一　女大衣结构制图 ·· (162)
　　学习任务二　男大衣结构制图 ·· (171)
　　学习任务三　风衣结构制图 ··· (178)

　　参考文献 ··· (185)

项目一　服装结构制图概述

学习任务一　服装与人体

学习任务二　服装结构制图基础

1

学习任务一　服装与人体

教学目标

（1）专业能力：认识服装结构制图的依据；了解人体点、线、面的划分；理解服装与人体之间的关系。

（2）社会能力：观察人体外形特点，能分析服装与人体外形结构的关系；能与人交流沟通，积极完成学习任务。

（3）方法能力：自主学习能力、归纳总结能力。

学习目标

（1）知识目标：认识服装结构制图的依据、人体比例及服装与人体的关系。

（2）技能目标：能够分析服装结构与人体外形结构的关联性。

（3）素质目标：会划分人体比例，能分析服装与人体的关系。

教学建议

1. 教师活动

借助图片、人台模特展示、师生互动等形式帮助学生理解人体比例，人体点、线、面的划分及服装与人体的关系。

2. 学生活动

通过观看同学着装动态及静态效果，理解服装与人体动静态的关系；观看人体图片、人台模特，建立人体比例概念；观察着装人体，体会人体点、线、面结构与服装结构的关系。

一、学习问题导入

服装结构制图是以人体体型、服装规格大小、服装款式、面料质地性能和工艺要求为依据，运用服装制图的方法，在纸上（或直接在面料上）画出服装衣片和零部件的平面结构图，再制作出样板或裁剪出裁片的制图方法。服装结构与人体结构有着非常紧密的关系，主要表现在人体的高度和围度决定了服装规格大小。服装款式不管如何变化，最终还是会受到人体的限制，因此只有充分了解人体结构以及人体运动特征与服装之间的关系，才能利用服装结构制图的方法来塑造最美服装造型。

二、学习任务讲解

（一）服装与人体关系

1. 服装与人体静态的关系

人体表面凹凸起伏，服装穿在身上时，有的部位贴体，有的部位较贴体，有的部位则空荡不贴体。在人体凸起的部位，服装表现为贴体状态，如肩部、胸部、背部、臀部等；在人体凹陷的部位，服装大多处于空荡不贴体状态，如腰部、乳下部等。

2. 服装与人体动态的关系

服装不仅要穿着美观、舒适，更要适应人体活动的需要，衣服的结构组合必须考虑肢体活动的需要，适当地加入松量，使服装成型后与人体体表留有一定的空间，这样各个部位活动时才能自如而舒适。如果松量过小，例如紧身胸衣等类型的服装，会极大限制人体的活动；如果松量过大，衣服过于庞大，会让人觉得累赘，同时也不利于人体活动。

（二）人体体型

服装结构制图中，人体体型可从人体比例和人体结构两方面进行理解。

1. 人体比例

将人体身高以头长为单位划分，中国成人正常身高为 7.5～8 倍头高，如图 1-1 所示。

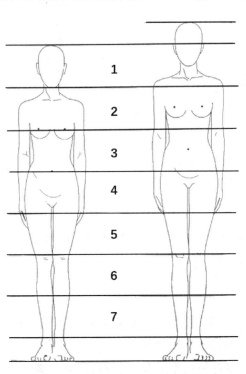

图 1-1

2. 人体结构

人体结构很复杂,与服装结构相关的主要是人体外形。人体外形分为头、颈、躯干、四肢四个部分。其中躯干包括肩部、胸部、腹部、腰部、臀部。四肢可分为上肢和下肢,其中上肢包括肩、上臂、肘、小臂、腕、手等;下肢包括臀、大腿、膝、小腿、踝、足等,如图1-2所示。这些部位主要由人体表面的相关点、线来连接和划分,人体外形部位的划分为服装结构制图的分界提供依据。

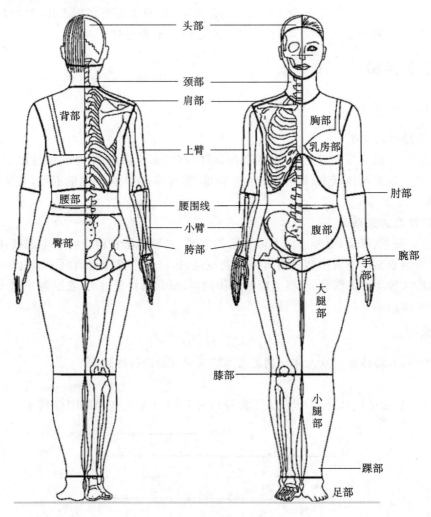

图 1-2

(1) 人体体表基准点。

为了人体测量的需要,将人体体表突出的点及关节位置设置为基准点,这些点为服装结构制图主要结构点的定位提供依据,如图1-3所示。

(2) 人体体表关键线。

人体体表关键线在服装结构制图中为服装主要结构线的定位提供参考依据,如图1-4所示。

(三) 人体体型与服装结构的关系

1. 颈部与衣领的关系

人体的颈部呈上细下粗的不规则圆台状,从侧面看,颈部向前微微倾斜,下端的截面近似桃形,颈长相当于头长的1/3(图1-5)。男性颈部较粗,女性颈部较细。颈部形状决定了衣领的基本结构,由于颈部呈不规则圆台状及向前倾斜的特点,衣领造型基本上是后领脚宽、前领脚窄;上衣前后领的弧度一般是后平前弯;领子尺寸是上小下大。

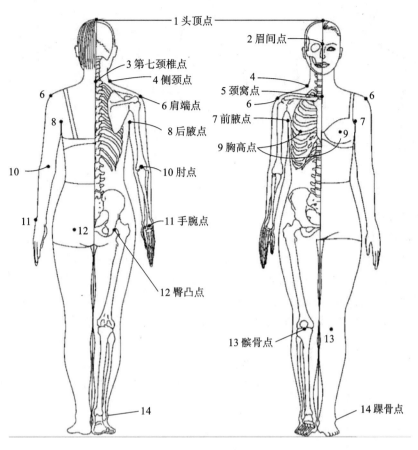

图 1-3

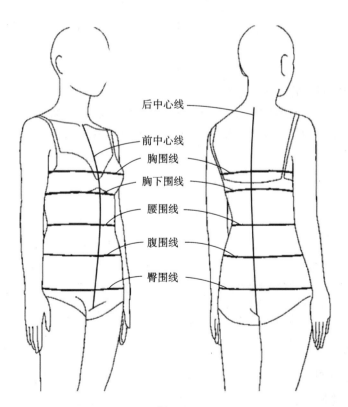

图 1-4

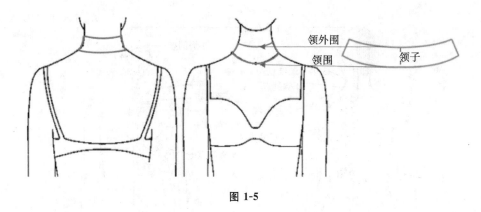

图 1-5

2. 躯干与上装的关系

（1）肩部与服装肩斜线。

人体肩部呈球面状，前肩部呈双曲面状，俯视呈弓形（图 1-6）。男性肩部较宽而平，女性肩部较窄而斜。一般成年女性前肩斜 21°，后肩斜 19°；男性前肩斜 19°，后肩斜 17°。肩部是主要支撑点，肩部的特征决定了服装结构的肩部形状。肩头前倾，使服装的前肩斜度大于后肩斜度；肩的弓形状，使服装后肩斜线略长于前肩斜线。另外，由于男女肩部的差异，一般女装肩宽窄于男装；女装肩斜大于男装。

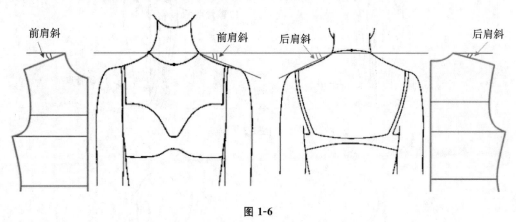

图 1-6

（2）胸背、腰臀部与服装前后片的关系。

男女胸部乳房隆起及背部肩胛骨的突起不同，决定了男女前后腰节的差异，一般男性后腰节大于前腰节；女性前腰节大于后腰节。由于男女腰部凹陷的程度不同，通常女装腰部收腰大于男装，如图 1-7 所示。

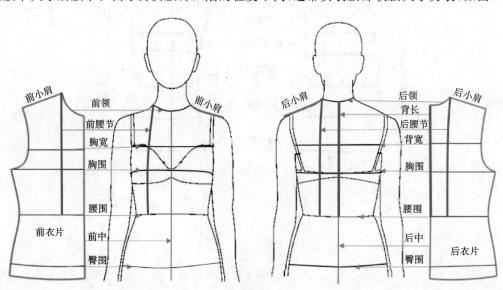

图 1-7

（3）上肢与衣袖的关系。

人体手臂自然下垂时，呈前略凹、后略凸的弯曲状，其形状直接影响衣袖的结构，合体型衣袖与手臂对应关系如图1-8所示。

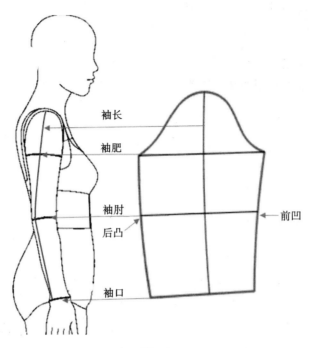

图 1-8

（4）下肢与裤、裙的关系。

人体的下肢由胯部、腿部、足部等组成。臀部的外凸，决定了裤子的后裆缝长度大于前裆缝；由于臀大腰小，为了合体需要，在裙子或裤子的腰部会存在省或褶。人体膝盖位置是裙子和裤子长度的分界点，如图1-9所示。

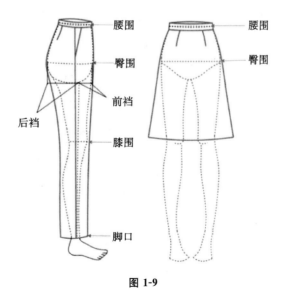

图 1-9

三、学习任务小结

（1）服装结构制图的概念：服装结构制图与人体体型、服装规格大小、服装款式、面料质地性能和工艺要求密切相关。

（2）人体比例：以头长为单位进行划分，中国成人正常身高为7.5～8倍头高。

（3）服装的贴合程度：与人体体表的凹凸有关系，凸起的部位表现贴体，凹陷的部位表现空荡；服装松量的加放主要考虑人体活动及廓形的需要。

（4）服装与人体关系：躯干、上肢和上装结构的关系，下肢与裙、裤结构的关系紧密，服装结构与人体结构的关键线和点一一对应。

四、课后作业

（1）叙述服装与人体的关系。

（2）预习学习任务二服装结构制图基础相关内容。

学习任务二　服装结构制图基础

教学目标

（1）专业能力：认识服装结构制图工具、制图符号、制图术语及服装号型系列。

（2）社会能力：能正确使用服装结构制图的工具及符号。

（3）方法能力：培养归纳总结能力，养成良好的学习习惯。

学习目标

（1）知识目标：认识各类服装结构制图工具，认识制图符号、代号的使用要求，认识相关制图术语及服装号型系列。

（2）技能目标：能合理选用服装结构制图工具，正确使用制图符号及代号，能划分服装号型。

（3）素质目标：培养学生良好的学习习惯，增强专业学习兴趣，为日后熟练进行版型调整及服装款式结构制图打下基础。

教学建议

1. 教师活动

借助多媒体技术、图片帮助学生理解服装结构制图工具的种类及特点，认识服装结构制图符号、代号的使用要求，认识服装结构制图相关专业术语，理解服装号型系列。

2. 学生活动

阅读教材，认识服装结构制图工具；熟记服装结构制图符号及代号使用要求。分组讨论号型定义，根据体型分类方法，各自找出自己的正确体型代号。

一、学习问题导入

做任何事情都需要从基础学起,在学习服装结构制图之前,需要认识专业的工具,了解统一的标准和要求。下面我们从服装结构制图工具、制图符号、制图代号、制图的专业术语及服装号型定义等方面来学习服装结构制图相关基础知识。

二、学习任务讲解

1. 服装结构制图工具

服装结构制图的工具如表 1-1 所示。

表 1-1 服装结构制图的工具

序号	品类	图示	作用	备注
1			画直线	透明,一边英寸刻度,一边厘米刻度,主要专用尺,有 60 cm、45 cm、55 cm 等规格
	放码尺			
2	皮卷尺		量体,测量弧线长度	一边 60 英寸刻度,一边 150 厘米刻度
3	三角比例尺		做缩小比例的结构图	三边比例分别为 1:5、1:3、1:4
4	曲线尺		画袖笼、领口、腰身等弧线	有曲线刻度和直线刻度
5	袖臂尺		画裙、裤、袖等外弯弧线	有内曲、外曲两种弧线
6	袖笼尺		画袖笼弧线,画圆	

（品类栏"尺"跨第1—6行）

序号	品类		图示	作用	备注
7	纸	软纸 白纸		打板制图、复制衣片软样	45克重,半透明,比较薄,还有60克重、70克重、80克重、120克重不等,克重越小越薄,克重越大越重、透明度越低
		软纸 牛皮纸	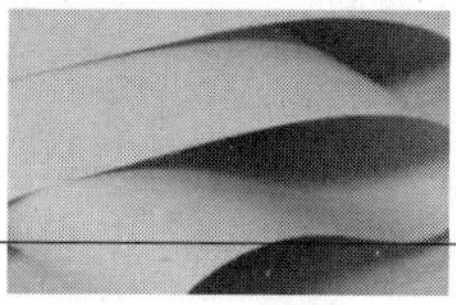		不透明,有60克重、80克重、100克重、120克重不等
		硬纸		做净样、实样、烫版等	300克重,不透明,比较硬,有牛皮纸、白板纸
8	铅笔、橡皮			 绘图	一般用0.5 mm自动铅笔
9	胶纸座、透明胶			 纸样切展、修补	
10	剪口器			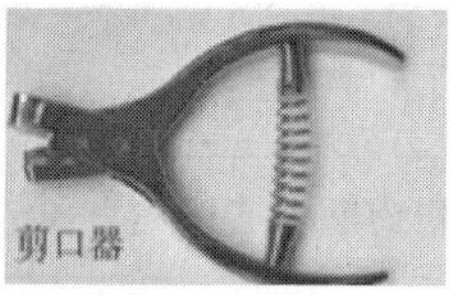 纸样的对位剪口	有小V形口和U形口之分
	打孔器			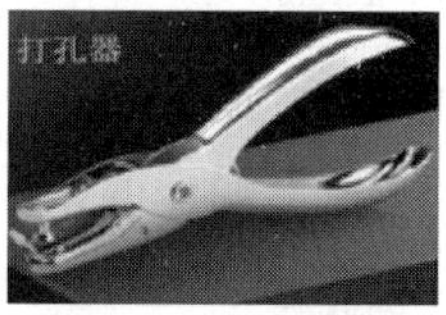 纸样的穿挂打孔	
11	剪刀			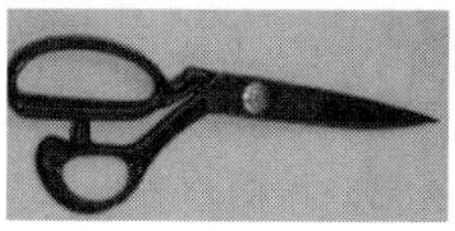 剪纸	一般九号左右
12	锥子			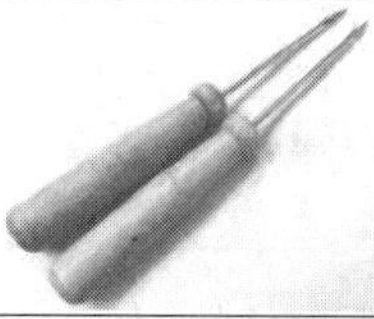 纸样打小孔	
13	描线器			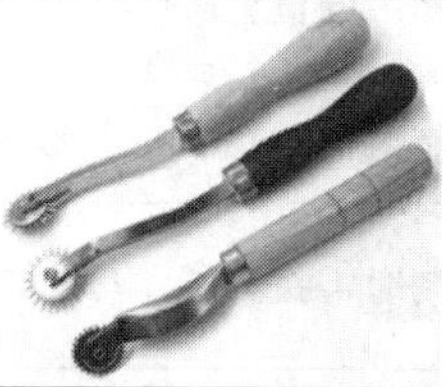 纸样复制点线	

2.服装结构制图符号、代号、术语

（1）服装结构制图符号如表1-2所示。

表1-2　服装结构制图符号

名称	符号	说明
粗实线		表示服装或零部件的轮廓完成线
细实线		表示辅助线、尺寸线、尺寸界线或引出线
虚线		表示下层完成线
点划线		表示翻折的位置
等分		表示将线段等长度划分
等长		表示两线段长度相等
等量		表示部位长度相等
省道		表示该部位要缝掉
褶裥		表示某部位折叠的量，斜线的高端一面倒向低端一面
直角		表示直角，用细实线
抽褶		表示布料直接收拢成细褶
合并		表示纸样需合并
布纹线		箭头表示布料的经向
倒顺		箭头所指为顺毛或图案方向
平行线		表示两直线平行
明线		表示衣片表面压明线
重叠符号		表示左右线相交
粘衬指示线		表示需烫粘合衬的位置
剪开符号		表示该位置需剪开
扣眼		表示打扣眼的位置
归拢		表示缝制时需归拢
拨开		表示缝制时需拨开

名称	符号	说明
缝合止点	○━┤┣	缝合止点或缝合开始位置
拉链缝止点	▷━┤┣	拉链的止点部位

（2）服装结构制图代号如表1-3所示。

表1-3　服装结构制图代号

序号	部位	英文名称	代号	序号	部位	英文名称	代号
1	胸围	bust	B	15	肘围线	elbow line	EL
2	腰围	waist	W	16	膝围线	knee line	KL
3	臀围	hip	H	17	胸围线	bust line	BL
4	领围	neck	N	18	腰围线	waist line	WL
5	胸下围	under bust	UB	19	臀围线	hip line	HL
6	中臀围	middle hip	MH	20	后颈点	back neck point	BNP
7	头围	head size	HS	21	肩点	shoulder point	SP
8	肩宽	shoulder	S	22	肘点	elbow point	EP
9	长度	length	L	23	胸高点	bust point	BP
10	袖长	sleeve length	SL	24	侧颈点	side neck point	SNP
11	领围线	neck line	NL	25	前颈点	front neck point	FNP
12	袖窿	arm hole	AH	26	前中	front center	FC
13	袖口	cuff width	CW	27	后中	back center	BC
14	脚口	sweep bottom	SB				

（3）服装结构制图术语。

服装结构制图术语的作用是统一服装结构制图中的裁片、零部件、线条、部位的名称，使各种名称规范化、标准化，以利于交流。常用服装结构制图术语如下。

净样：服装实际规格，不包括缝份、贴边等，也叫实样。

毛样：服装裁剪规格，包括缝份、贴边等。

画顺：光滑圆顺地连接直线与弧线、弧线与弧线。

劈势：直线的偏进，如上衣门的里襟上端的偏进量。

翘势：水平线的上翘（抬高），如裤子后翘指后腰线在后裆缝处的抬高量。

困势：直线的偏出，如裤子侧缝困势指后裤片在侧缝线上端处的偏出量。

凹势：袖窿门、裤前后窿门凹进程度。

门襟：衣片的锁眼边。

里襟：衣片的钉纽边。

叠门：门襟和里襟相叠合的部分。

挂面：上衣门襟、里襟反面的贴边。

过肩：也称复势、育克。一般常用在男女上衣肩部的双层或单层布料。

驳头：挂面第一粒纽扣上端向外翻出不包括领的部分。

省：又称省缝，根据人体曲线形态所需缝合的部分。

裥：根据人体曲线形态所需，有规则折叠或收拢的部分。

克夫：又称袖头，缝接于衣袖下端，一般为长方形。

分割:根据人体曲线形态或服装款式要求在上衣片或裤片上增加的结构缝。

3. 服装结构制图常用计算单位

服装结构制图常用计算单位种类有公制、英制、市制,如表1-4所示。

表1-4　服装结构制图常用计算单位

种类	单位	换算公式	备注
公制	米、分米、厘米	1 m＝10 dm＝100 cm	
英制	英尺、英寸、码	1 ft＝12 in＝30.48 cm;1 yd＝3 ft＝0.9144 m	1 in＝2.54 cm
市制	尺、寸、分	1 尺＝10 寸＝100 分＝33.3 cm	

4. 服装结构制图常用比例

服装结构制图常用比例如表1-5所示。

表1-5　服装结构制图常用比例

种类	常用比例	说明
等比	1:1	与实际相等
缩小	1:2;1:3;1:4;1:5	按实际缩小
放大	2:1;3:1;4:1	按实际放大

5. 服装成品规格与号型系列

服装结构制图的成品规格尺寸,来源于国家制定的《服装号型》系列标准,它是设计批量成衣规格的依据。

(1)号型定义。

号是指人体的身高,以厘米为单位表示,是设计和选购服装长短的依据。型是指人体的净胸围与净腰围,以厘米为单位表示,是设计和选购服装围度的依据。体型依据人体的胸围与腰围的差数来划分,可分为四类。体型分类的代号和范围如表1-6所示。

表1-6　体型分类的代号和范围　　　　　　　　　　　　　　(单位:cm)

体型分类代号	Y(健美)	A(标准)	B(微胖)	C(肥胖)
男体胸腰围差值	17～22	12～16	7～11	2～6
女体胸腰围差值	19～24	14～18	9～13	4～8

(2)号型标志。

服装上必须标明号型,套装中的上、下装分别标明号型。号与型之间用斜线分开,后接体型分类代号。例如170/88A。

(3)号型系列。

以中间标准体为中心,向两边依次递增或递减。身高以5 cm分档组成系列,胸围以4 cm或3 cm分档,腰围以4 cm或2 cm分档。即身高与胸围搭配组成5.4系列和5.3系列,身高与腰围搭配组成5.4系列和5.2系列。男女体型中间标准体号型系列参考表如表1-7所示。

表1-7　男女体型中间标准体号型系列参考表　　　　　　　　　　(单位:cm)

体　　型		Y	A	B	C
男子	身高	170	170	170	170
	胸围	88	88	92	96
	腰围	70	74	84	92
女子	身高	160	160	160	160
	胸围	84	84	88	88
	腰围	64	68	78	82

三、学习任务小结

（1）工具认识和准备。

（2）图线、符号及代号的认识和要求。

（3）制图术语。

（4）制图常用单位及换算方法。

（5）制图的常用比例。

（6）号型定义及标志。

四、课后作业

简述服装结构制图的相关工具、要求、术语及号型定义。

项目二　裙装结构制图

学习任务一　直裙结构制图

学习任务二　裙装变化款式结构制图

学习任务一　直裙结构制图

教学目标

（1）专业能力：认识裙子的分类，理解裙子与人体之间的关系，能正确绘制直裙结构图、直裙放码及直裙纸样。

（2）社会能力：理解直裙款式图和实物之间的关系，能描述直裙款式特点；能依据款式要求设计合理的规格尺寸，并绘制结构图和工业纸样。

（3）方法能力：培养资料归纳、总结能力，直裙结构制图、绘图能力。

学习目标

（1）知识目标：认识裙子的分类，了解裙子构成以及直裙款式特点。

（2）技能目标：能准确描述直裙款式特征，测量裙装人体尺寸，并进行合理的规格尺寸设计；能完成直裙1∶5和1∶1结构制图，以及1∶1纸样制作及放码。

（3）素质目标：养成严谨规范的服装结构制图理念，能与人沟通、合作，能够理论联系实际，解决实际生产中直裙结构制图问题。

教学建议

1. 教师活动

（1）讲解裙子的分类、构成及直裙款式特点。

（2）借助多媒体技术，利用样衣、图片、人台展示等形式帮助学生理解裙子的分类、裙装构成因素和直裙结构。

（3）通过示范，引导学生绘制直裙1∶5和1∶1结构图，并进行1∶1直裙纸样制作和放码。

2. 学生活动

（1）观察直裙样衣、图片及教学人台，认识直裙款式特征以及直裙与人体的关系。

（2）分组完成裙装人体测量，并记录结果。

（3）观看教师示范直裙1∶5和1∶1结构制图，以及1∶1纸样制作和放码。

（4）课前准备好皮尺、铅笔、橡皮、三角比例尺、放码尺、打板纸等制图工具，预习半裙分类及裙子与人体的关系。

一、学习问题导入

裙子是覆盖在人体下半身的服装,也是人类最早的服装形式。其穿着简单,行动自如,式样变化较多,不受年龄限制,深受女性的喜爱。日常生活中多见于女性穿着,但有一些民族的男性也穿着裙子。下面我们从裙子的分类及其结构来认识裙子。

二、学习任务讲解

(一)裙子的分类

裙子从长度、廓形、字母形、腰部位置、风格、穿着场合等各个角度都可以进行分类。

(1)按长度可以分为超长裙、长裙、中长裙、中裙、短裙、超短裙等,如图2-1所示。

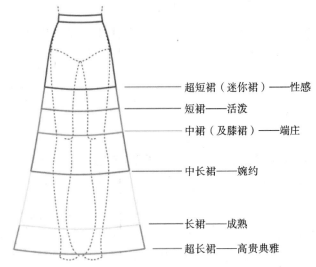

图 2-1

(2)按廓形可以分为窄裙、直裙、A字裙、斜裙和圆裙,如图2-2所示。

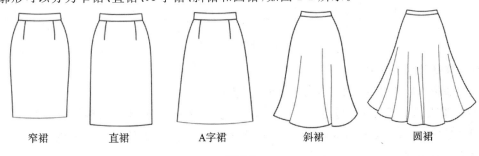

图 2-2

(3)按字母形可分为H形、A形、X形、Y形、O形,如图2-3所示。

图 2-3

（4）按腰部所处的位置可分为中腰裙、低腰裙、高腰裙,如图 2-4 所示。

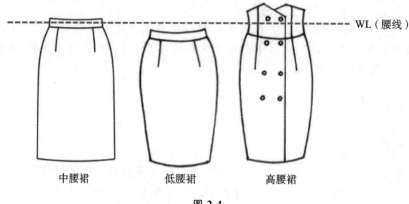

WL（腰线）

中腰裙　　　　　低腰裙　　　　　高腰裙

图 2-4

（5）按风格可分为淑女风、民族风、学院风、田园风、复古风、百搭风、OL 风等。

（6）按穿着场合可以分为职业裙和休闲裙等。

（二）裙子的结构

1. 裙子各部位名称

裙子各部位的名称如图 2-5 所示。

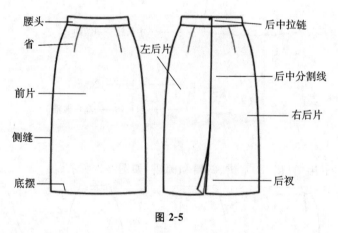

腰头　　　　　　　　　　　　　　后中拉链
省　　　　　　　　　　左后片
　　　　　　　　　　　　　　　　后中分割线
前片
　　　　　　　　　　　　　　　　右后片
侧缝
底摆　　　　　　　　　　　　　　后衩

图 2-5

2. 裙子与人体部位对应关系

裙子与人体部位对应关系如图 2-6、图 2-7、表 2-1 所示。

（1）腰围:是指人体腰部最细处围量一周的尺寸。考虑人体在蹲下、坐下时腰围会加大 1.5～3 cm,须设计腰围松量,但如果腰围松量设计过大,静止时裙子外形不好看,而且腰部 2 cm 左右的压迫对人体生理上没太大影响,因此腰部的松量为 0～2 cm 较好。

（2）臀围:是指人体臀部最丰满处围量一周的尺寸。考虑人体活动时围度尺寸的增加,当人坐在椅子上时,臀围平均增加 2.6 cm;当人蹲或盘腿坐时,臀围平均增加 4 cm。所以臀围的最小松量为 4 cm 左右(不考虑面料弹性)。

（3）裙长:是指裙子的长度。根据测量要求,可以设计前中裙长、后中裙长或者侧裙长。由裙腰口量至裙摆位置的长度,一般不需要考虑人体活动时的变化。

（4）臀长:是指腰围线至臀围线的长度,一般为 17～19 cm。

（5）裙摆:是指裙子下摆的设计宽度。裙子的摆围大小直接影响穿着者的各种活动。裙子摆围大小与人的步幅有直接关系,裙长变长,裙子摆围尺寸也应相应变大。当摆围不足时,在裙子结构中就必须考虑褶裥或开衩等来调节。

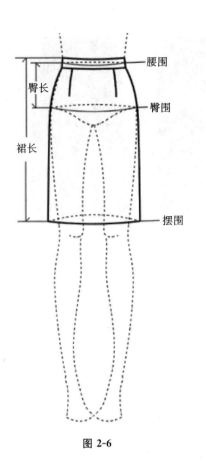

图 2-6

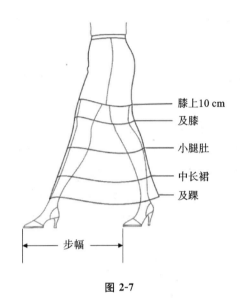

膝上10 cm
及膝
小腿肚
中长裙
及踝

步幅

图 2-7

表 2-1　行走时裙摆变化参考尺寸表　　　　（单位:cm）

摆　幅	部　位					
	步幅	膝上 10 cm	及膝	小腿肚	中长裙	及踝
平均值	67	94	100	126	134	146

（6）腰部开口:考虑人体腰细臀大的特点,为方便穿脱,需要在腰部设计开口,位置可前可后,或者在侧缝,开口下端设计在臀围线附近。

（三）直裙结构制图

直裙是结构较严谨的裙装款式,属裙子的基本型。西服裙、旗袍裙、筒形裙、一步裙等都属于直裙。其成品造型比较端庄、优雅,动感不强。

1. 款式特征

裙长过膝,腰臀部位贴合人体,臀围线以下裙身呈直身轮廓,装腰头,前后裙腰各设 2 个省,后中分割、装隐形拉链、下摆开衩,无里,如图 2-8 所示。

2. 规格设计

规格设计表(以 160/68A 号型为例)如表 2-2 所示。

表 2-2　规格设计表　　　　（单位:cm）

号　型	部　位				
	前中裙长(L)	腰围(W)	臀围(H)	臀长	腰头高
160/68A	70	70	92	18	3

注:腰围松量为 2 cm(参考加放 0~2 cm);臀围松量为 4 cm(参考加放 4~6 cm)。

3. 结构制图

考虑裙子左右对称,为简化作图,以右半身为基础制图。制图步骤如下。

图 2-8

（1）绘制前裙片基本框架。

步骤一：画长度等于裙长减腰头高的直线为前中线。

步骤二：在前中线上根据臀长找到臀围线位置，并量取 $H/4$ 作为前臀围宽度。

步骤三：画出以前中线为长度、前臀围为宽度的前片基本框架，如图 2-9 所示。

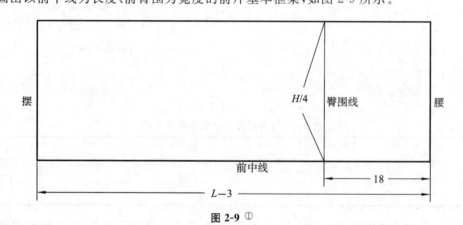

图 2-9 ①

（2）绘制前裙片结构。

步骤四：腰线上量取 $W/4$＋省量 3 cm，做出前腰围大。

步骤五：在腰围处垂直起翘 1 cm，曲线连接侧腰臀线和腰围线（两线呈垂直状态）。

步骤六：以腰围线的中点画长 10 cm 的垂线为省中心线，省宽 3 cm，做出前腰省。

步骤七：加粗前裙片制成线，完成前裙片结构制图，如图 2-10 所示。

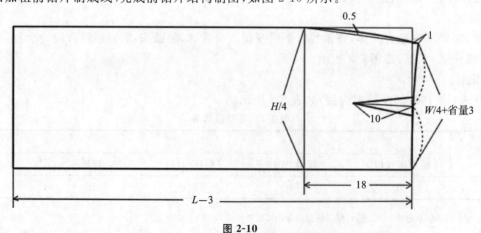

图 2-10

---

① 图中尺寸单位为 cm，后同。

（3）绘制后裙片基本框架。

步骤一：将前裙片臀围线延长，在延长线上量取 $H/4$ 作为后臀围大（为避免前后结构重叠，拉开适当距离后再量取）。

步骤二：同时延长前腰线辅助线、前底摆线，作出后裙片基本框架，如图 2-11 所示。

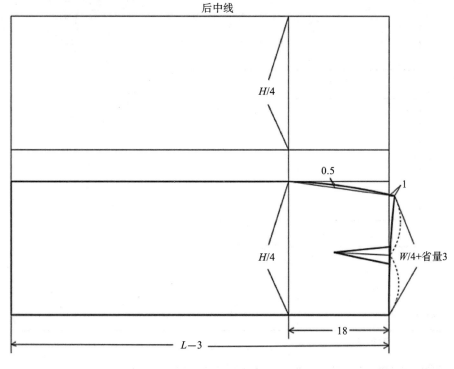

图 2-11

（4）绘制后裙片结构。

步骤三：后中低落 0.7 cm 做后中腰点。

步骤四：从后中腰点到腰线辅助量取 $W/4$＋省量 3 cm，做出后腰围大。

步骤五：在后腰围大处垂直起翘 1 cm，曲线连接前侧腰臀线和腰围线（两线呈垂直状态）。

步骤六：以后腰围线的中点画长 11 cm 的垂线为省中心线，省宽 3 cm，做出后腰省。

步骤七：在后中线底摆处作宽 4 cm、高 25 cm 的衩，注意左右衩的结构；为了方便裁剪和车缝，在衩上端设置 1 cm 倾斜量。

步骤八：加粗后裙片制成线，完成后裙片结构制图，如图 2-12 所示。

（5）绘制腰头结构。

做长度为腰围大、宽度为腰头高的二倍的矩形结构，注意标注对位标记，如图 2-13 所示。

（6）制图说明。

①制图中 L 表示裙长，W 表示腰围，H 表示臀围。

②前后臀围的分配：前臀围＝$H/4$，后臀围＝$H/4$（简单，方便计算）；或前臀围＝$H/4+1$，后臀围＝$H/4-1$（稍加大前裙片围度，从侧面看，侧缝线会更均衡地落在人体侧面）。

③腰围的分配同臀围分配一致，这样结构更协调。

④侧腰起翘：侧腰起翘 1 cm 是为了侧缝拼合后腰弧线圆顺，不凸也不凹。起翘量由腰臀差决定，腰臀差大，起翘也大，腰臀差小，起翘也小，一般起翘 0.7～1.2 cm。

⑤后中低落：后中低落 0.7 cm，为了更好地适应人体腰线前高后低的特点，一般低落 0.5～1 cm。

⑥省量的设计：单个省量的设计一般控制在 2.5～3.5 cm；省尖落在中臀围附近较好看；人体腹凸高、臀凸低，因此前省短、后省长；省设置在腰的等分位置较好看。

⑦摆围尺寸设计 1：当臀围与摆围同尺寸时，从着装效果上看，摆围会比臀围小。

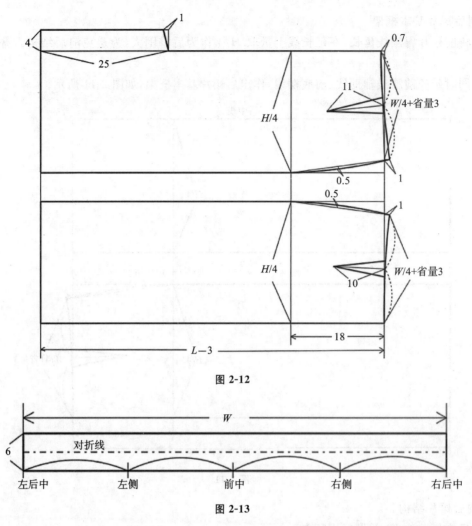

图 2-12

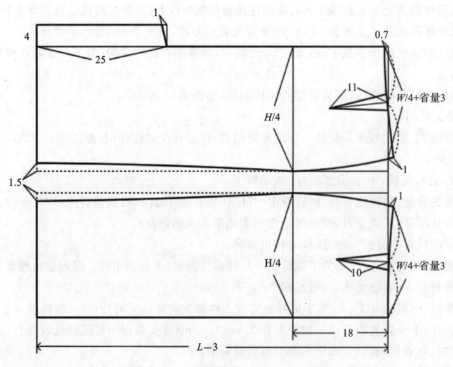

图 2-13

⑧摆围尺寸设计2:若想着装效果比例协调,呈标准直筒状,结构制图中可以稍稍加大摆围,如图2-14所示。

图 2-14

⑨摆围尺寸设计3：当裙子下摆呈微收状态时，如铅笔裙，结构制图方法同直裙，只要考虑摆围稍小于臀围即可，如图2-15所示（虚线为摆围等于臀围位置）。

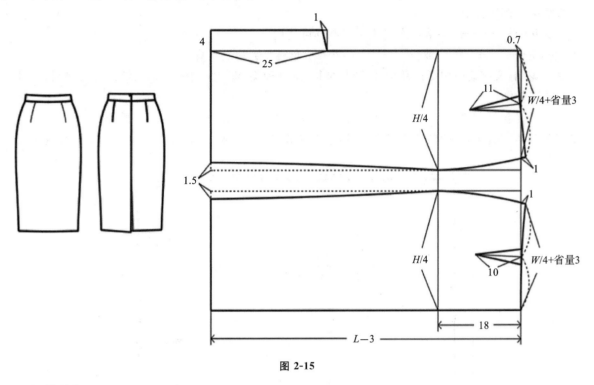

图 2-15

4. 纸样制作

（1）结构修正。

制作纸样之前要校对各部位尺寸是否正确。同时要修顺弧线部位，如腰弧线的修正，即复制部分结构轮廓线，拼合腰省、拼合前后侧、拼合后中，修正腰线，使之圆顺流畅（注意省山造型），操作方法如图2-16所示。

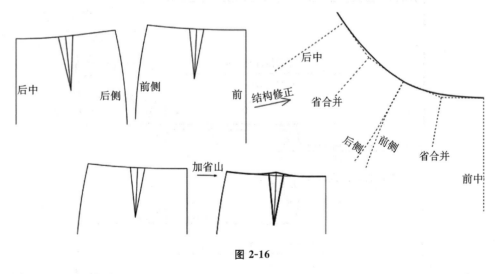

图 2-16

（2）纸样标记和文字说明。

为了保证缝制时衣片和衣片之间的准确性，需要在纸样上标出定位标记和文字说明。

①定位标记有刀眼、钻眼、布纹线等。

a. 刀眼是衣片缝合时边缘的对位标记，一般为T形、V形或U形，本教材采用T形刀眼，如果是裁片上的刀眼一般用直线形（简单易操作）；刀眼深一般为0.3 cm左右，不宜太深。

b. 钻眼是纸样内部的定位标记，直径一般为0.3 cm左右，不超过0.5 cm。

收省长度钻眼比实际省长短1 cm;省的大小钻眼一般在收省位进0.3 cm;贴袋或开袋钻眼一般在袋的实际大小偏进0.3 cm。

c.布纹线的倒顺标记。

双向标记←——————→表示布料不分倒顺都可使用。

倒顺标记←——————　或　——————→表示布料要倒裁或顺裁。

②文字说明:文字说明包括产品型号、产品规格、纸样种类(面、里、衬等类别)、纸样份数、缝制说明等。

(3)纸样制作。

①面的纸样包括前裙片、左后裙片、右后裙片及腰头纸样,如图2-17～图2-19所示。

复制各参考车缝工艺、面料和款式要求,裙子下摆放缝4 cm,衩上口放缝2 cm,其他部位放缝1 cm。

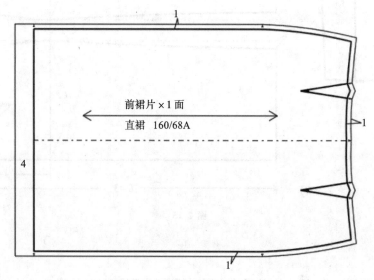

图 2-17

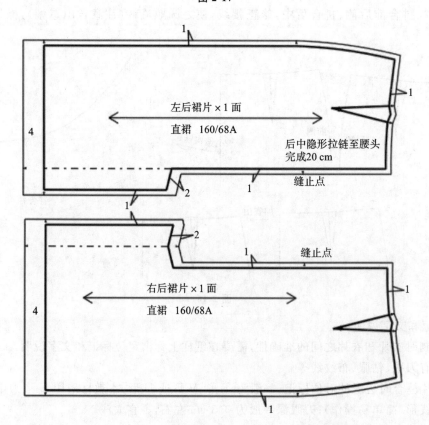

图 2-18

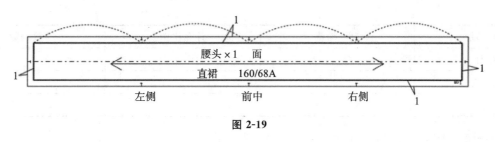

图 2-19

②衬的纸样包括腰头衬（布衬）、拉链衬（薄无纺衬）、裙衩衬（薄无纺衬），如图 2-20 所示。

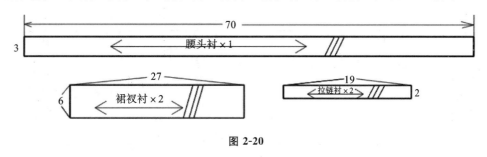

图 2-20

5. 直裙放码

服装放码是服装结构设计的延伸，是以服装标准样板（母板）为基础（一般母板采用中号型尺寸），兼顾号型系列关系，按照对应的档差，运用一定的方法把同一款式的不同规格的纸样做出来，这个过程就叫纸样放码，也叫纸样放缩、纸样推档。

（1）规格系列如表 2-3 所示。

表 2-3　规格系列表　　　　　　　　　　　　　　　　　　　　（单位：cm）

部　　位	号　　　　型			
	155/64A	160/68A	165/72A	档差
前中裙长	68	70	72	2
腰围	66	70	74	4
臀围	88	92	96	4
腰头高	3	3	3	0
臀长	17.5	18	18.5	0.5

（2）放码。

前裙片、后裙片、腰头的放码如图 2-21～图 2-23 所示。

步骤一：复制修正好的标准基码纸样（可带缝份也可不带缝份，以下纸样不含缝份）。

步骤二：确定公共线和放码点。

a. 公共线：纵向公共线和横向公共线，两线交点为放缩原点。一般选择前后中心线、侧缝线、腰线、臀围线、底摆线等直线或弧度不大的弧线较合适。

b. 放码点：纸样中的对位点和部位控制点（侧腰点、臀围点、前后中腰口点、下摆宽点、衩宽衩高点、拉链止口点）。

步骤三：计算档差。结合制图比例方法及规格系列档差，计算各放缩部位值，并进行放缩。

各部位放码数值如表 2-4 所示。

表 2-4　各部位放码数值表　　　　　　　　　　　　　　　　　（单位：cm）

放码部位	规格档差	计算比例	放码数值
裙长	2		2
腰围	4	1/4	1

放码部位	规格档差	计算比例	放码数值
臀围	4	1/4	1
腰头高	0		0
臀长	0.5		0.5

注:衩的长度和宽度,拉链长度,省的长度和宽度不放缩。

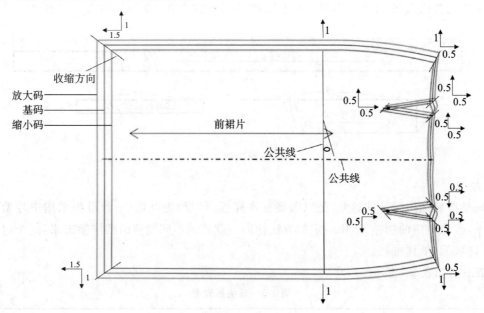

图 2-21

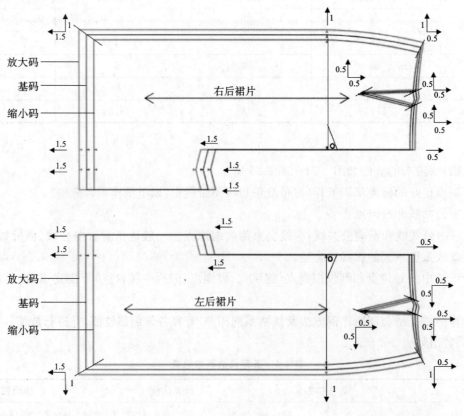

图 2-22

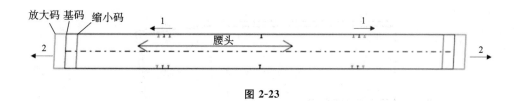

图 2-23

三、学习任务小结

（1）裙子是覆盖人体下半身的服装，在服装的发展史上属最早的服装，可以从长度、廓形、腰位高低、风格、穿着场合等对其进行分类。

（2）裙装人体测量部位：腰围（腰部最细处围量一周）、臀围（臀部最丰满处围量一周）、臀长（腰线至臀线的垂直距离）、裙长（腰至摆的垂直距离）分前中长、后中长或侧长，不同的长度位置对应相应的测量起点。

（3）松量的加放：考虑人体活动及款式需要，直裙腰围加放 0～2 cm，臀围加放 4～6 cm。

（4）直裙结构制图要领：作框架图（定长度位置和臀宽大小），前后裙片臀围分配（前后 $H/4$ 或前 $H/4+1$，后 $H/4-1$），腰围分配（同臀围分配方法），省量设计（单省 2.5～3.5 cm），省长设计（中臀围附近），省的位置（按腰围等分设置，中线垂直腰），侧腰起翘（0.7～1.2 cm），后中低落（0.5～1 cm）。

（5）纸样制作要领：规范，要有缝制标记（刀眼、钻眼），布纹线标记符合设计要求，说明文字要齐全（产品型号、规格、种类、数量、缝制要求等）。

（6）纸样放码：满足服装号型系列工业化生产需要，比较便捷的多号型纸样制作方法。操作过程中要注意公共线和放码点的选取，放码量的计算结合档差和制图比例推算。

四、课后作业

（1）请结合本学习任务中"裙装与人体部位对应关系"知识点，完成表 2-5 中相应的人体部位测量数据。

表 2-5　裙装人体测量数据　　　　　　　　　　　　　　　　（单位：cm）

裙装人体测量		
被测者：		测量日期：
序号	测量项目	数据
1	腰围	
2	臀围	
3	臀长	
4	腰至膝（正面测）	

（2）完成本学习任务中图 2-8 直裙 1∶5 及 1∶1 结构制图，1∶1 纸样及 1∶1 放码。

规格设计参考表如表 2-6 所示。

表 2-6　规格设计参考表　　　　　　　　　　　　　　　　（单位：cm）

部　位	号　型			档差
	155/64A	160/68A	165/72A	
后中裙长	63	65	67	2
腰围	64	68	72	4
臀围	88	92	96	4
腰头高	3.5	3.5	3.5	0
臀长	17.5	18	18.5	0.5

注：图 2-8 款式如果配里裙，里裙纸样配置如图 2-24 所示，裙下摆不放缝。

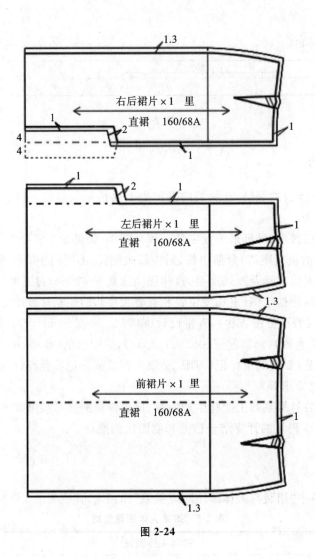

图 2-24

学习任务二 裙装变化款式结构制图

教学目标

(1) 专业能力:认识裙装款式变化;能运用直裙结构制图方法和原理完成裙装变化款式结构制图。

(2) 社会能力:读懂款式图和产品实物图,能准确描述裙装特点,会设计合理的规格尺寸,并完成裙装变化款式结构制图。

(3) 方法能力:能够举一反三,将裙装结构制图原理和方法灵活应用于生产实践。

学习目标

(1) 知识目标:认识裙装款式变化,认知高、低腰,分割线,褶裥在裙装结构中的应用。

(2) 技能目标:能准确分析裙装款式特征,合理设计规格尺寸,完成结构图绘制、纸样制作。

(3) 素质目标:养成严谨规范的服装结构制图理念,能与人有效沟通、合作,能够理论联系实际,解决实际生产中裙装变化款式结构制图问题。

教学建议

1. 教师活动

(1) 通过 PPT 图片、样衣展示引导学生认识裙装款式变化规律。

(2) 通过示范讲解,引导学生掌握常见裙装结构制图方法。

2. 学生活动

(1) 观察裙装样衣、款式图片,认识裙装款式变化,总结裙装款式变化规律。

(2) 分组讨论裙装款式特征及规格尺寸设计,并记录和分享。

(3) 观看教师1:1结构制图示范,完成1:5结构制图和纸样制作。

(4) 课前准备好铅笔、橡皮、三角比例尺、笔记本等制图工具。

一、学习问题导入

裙子款式变化繁多,可以表现在很多方面,比如长短变化;开口位置可前、可后、可侧;衩的变化有直接开衩和重叠开衩之分,开衩位置也可以在前、后、左、右等位置变化;款式中还可加入碎褶、刀褶、工字褶等褶的设计,增添更多俏皮、妩媚之感;另外,分割线、腰位高低变化也是款式变化的重要手法。下面我们通过几个案例来学习裙装变化款式的结构制图方法。

二、学习任务讲解

(一)短款贴袋直身裙结构制图

1. 款式特征

裙长至大腿中部,臀部较合体,中腰结构,装腰头,腰部三个尖角裤耳,束腰带,前门襟开口装金属明拉链,前裙片左右各 2 个褶及 1 个带盖贴袋,后裙片左右各 1 个省及贴袋,袋盖、贴袋压双明线,腰头、裤耳及下摆压单明线,如图 2-25 所示。

图 2-25

2. 规格设计

规格设计如表 2-7 所示。

表 2-7　规格设计表　　　　　　　　　　　　　　　　　　　　　　　　(单位:cm)

号　　型	前中裙长	腰围(W)	臀围(H)	臀长	腰头高
160/68A	42	70	94	18	4

注:腰围松量为 2 cm;臀围松量为 6 cm。

3. 结构制图

结构制图如图 2-26 和图 2-27 所示。

4. 制图说明

(1)制图步骤参考学习任务一的直裙结构制图。

(2)前后臀围和腰围分配:因前裙片有 4 个褶,后裙片只有 2 个省,为了调节前后裙片腰臀差量,制图时臀围的分配为前 $H/4+1$,后 $H/4-1$,前后腰围分别取 $W/4$。

(3)前褶设计:因裙子臀围没有因前裙片的褶变大,因此将前褶设置为省型褶。

(4)拉链重叠量:为了避免拉链拉合后露牙,在前开口位置设计 0.6 cm 左右的重叠量,重叠量设计在装里襟的前裙片前中心处,因此腰头长度要在靠里襟处加上 0.6 cm。

5. 纸样制作

(1)面料纸样。

①裙片下摆卷边缝 2.5 cm,放缝 3.5 cm;袋口卷边缝 1 cm,放缝 2 cm;其他部位放缝 1 cm。

②右前裙片拉链车缝部位加 0.6 cm 的重叠量后再放缝 1 cm,加重叠量是为了避免拉链拉合后露牙。

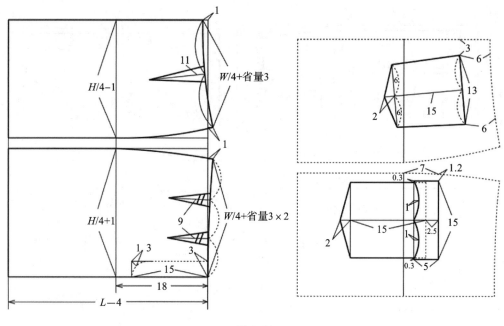

图 2-26

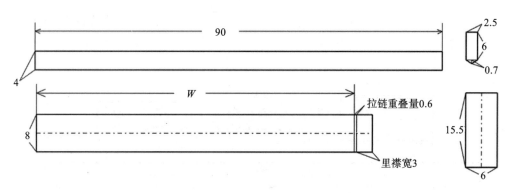

图 2-27

面料纸样如图 2-28 和图 2-29 所示。

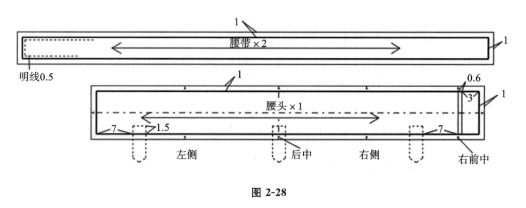

图 2-28

（2）衬料纸样。

袋盖、腰头用净样衬；里襟和门襟衬放缝 0.5 cm，如图 2-30 所示。

（3）净纸样。

净纸样如图 2-31 所示。

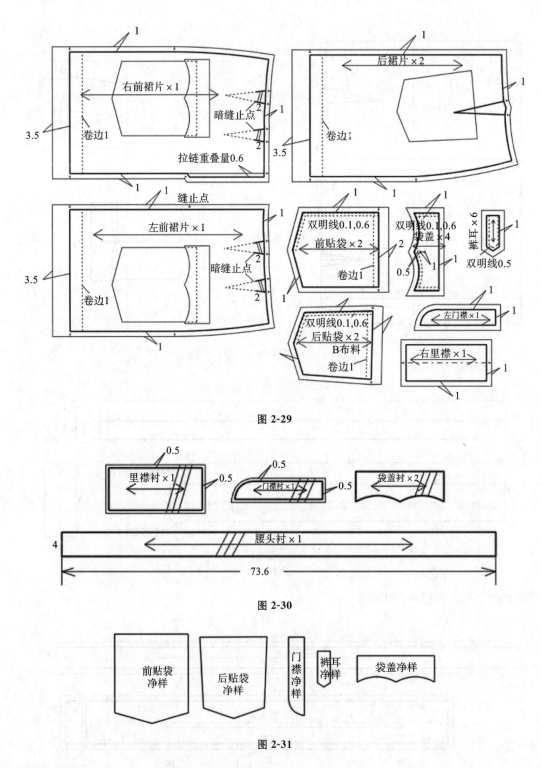

图 2-29

图 2-30

图 2-31

（二）低腰单排扣直筒包臀裙结构制图

1. 款式分析

低腰，前身斜单排扣，钉 2 粒装饰纽扣，左右各 1 个省，省尖下有装饰袋盖，后中装隐形拉链，左右各 1 个省，如图 2-32 所示。

2. 规格设计

规格设计如表 2-8 所示。

图 2-32

表 2-8　规格设计表 　　　　　　　　　　　　　　　　　　　　　　（单位：cm）

号　　型	后中裙长	腰围（W）	臀围（H）	臀长	腰头高
160/68A	42	70	92	18	3

注：腰围松量为 2 cm；臀围松量为 4 cm。

3. 结构制图

结构制图如图 2-33 所示。

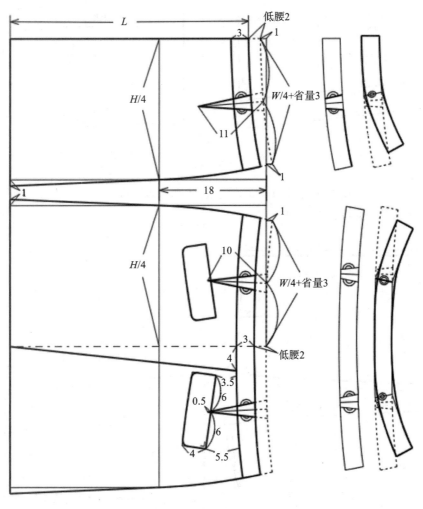

图 2-33

4. 制图说明

（1）本款裙长定后中长，制图时先画后裙片，再画前裙片。

（2）低腰结构在原正腰位置做平行低落处理（至少 2 cm），本款式低腰 2 cm。

（3）低腰裙的腰口线通常为贴合人体的弯弧形，腰头的结构在裙片上做分割，再合并转省而成。

（4）前裙片为不对称结构，制图时需画出完整前片，方便定位。

5. 纸样制作

（1）面料纸样，如图 2-34 所示。

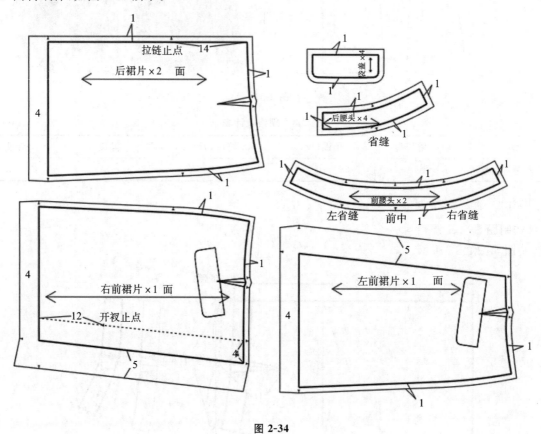

图 2-34

（2）里布纸样：裙下摆不放缝，卷边缝 1 cm；侧边放缝 1.3 cm（服装里布要稍大于面布，因此侧边放缝 1.3 cm，前后省处理成褶），如图 2-35 所示。

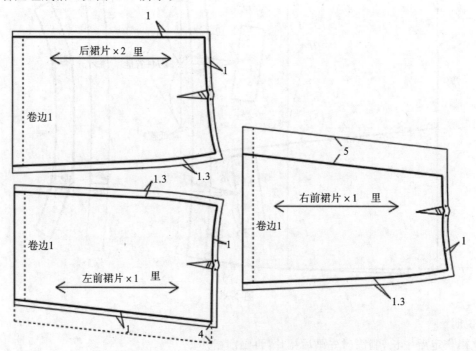

图 2-35

（3）衬料纸样：腰头放缝 0.5 cm，袋盖用净样衬，如图 2-36 所示。

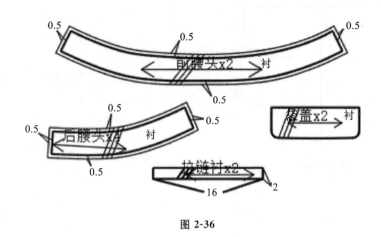

图 2-36

（4）净纸样，如图 2-37 所示。

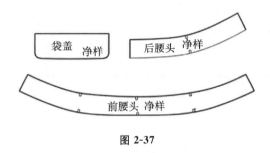

图 2-37

（三）A 字形褶裙结构制图

1. 款式分析

A 字形褶裙，前裙片左右各 2 个倒褶，双排六粒装饰纽扣，倒褶腰至臀处压明线，后中隐形拉链至腰，左右后裙片各 1 个省，如图 2-38 所示。

图 2-38

2. 规格设计

规格设计如表 2-9 所示。

表 2-9　规格设计表　　　　　　　　　　　　　　　　　（单位：cm）

号　　　型	后中裙长	腰围（W）	臀围（H）	臀长
160/68A	45	70	94	18

注：腰围松量为 2 cm；臀围松量为 6 cm。

3. 结构制图

结构制图如图 2-39 所示。

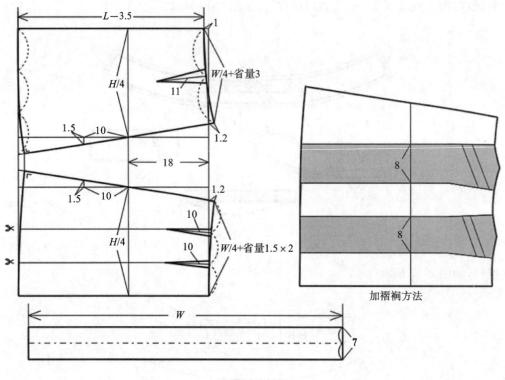

加褶裥方法

图 2-39

4. 制图说明

（1）A形处理方法：臀围线下 10 cm，垂直向外取 1.5 cm 与臀围线连接，向下延长至底摆线，来确定裙子的造型，垂直向外取量的多少决定了裙摆的大小。

（2）下摆起翘方法：将底边线三等分，在第三等分处作侧边的垂线，以此来确定下摆起翘量。

（3）侧腰口起翘：因侧缝倾斜加大，侧腰口起翘量相应增加，本款式起翘量在 1.2 cm 左右。

（4）褶的展开：在省尖点垂直底边作垂线，作为褶的展开线，在臀围线处平行拉开褶量 8 cm，展开量结合裙子造型设计；本款式中的褶为单向刀褶，双向工字褶的展开也可以参考此方法。

5. 纸样制作

（1）面料纸样：裙摆卷边缝 2.5 cm，放缝 3.5 cm，其他部位放缝 1 cm，如图 2-40 所示。

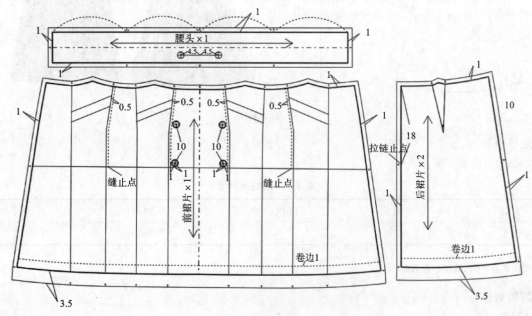

图 2-40

（2）衬料纸样：腰头、拉链位粘衬，如图2-41所示。

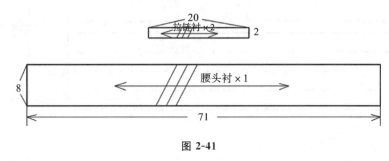

图 2-41

（四）斜裙结构制图

1．款式分析

腰围至裙摆逐渐变大，摆围较大而形成自然波浪，直腰头，右侧装隐形拉链，拉链至腰，如图2-42所示。

图 2-42

2．规格设计

规格设计如表2-10所示。

表 2-10　规格设计表　　　　　　　　　　　　　　　　（单位：cm）

号　　型	前中裙长	腰围	摆围
160/68A	80	68	200

3．结构制图

结构制图如图2-43所示。

4．制图说明

（1）切展法展开裙摆：作长等于裙长减腰头高，宽等于$W/4$的长方形，运用切展法展开下摆，展开量等于摆围/4$-W/4$，即$47-17=30$（cm）；切展位置根据裙子造型而定，波浪大的位置展开量多，波浪协调则均匀展开；运用此方法可以绘制圆裙、半圆裙结构，切展后整个裙摆围落在一个圆周上即为圆裙结构，切展后整个裙摆落在一个半圆上即为半圆裙结构。

（2）臀围规格：下摆展开，臀部尺寸也随着增大，展开后的裙臀围量大于净臀围，满足正常穿脱需求，所以制图时可以不考虑臀围尺寸。

（3）前后裙片合并制图：因裙子前后造型一致，为简化制图，前后裙片合并制图，在前裙片的结构中将前中腰口位置低落1 cm作为后中腰口位置，其他部位结构不变。

5．纸样制作

（1）面料纸样：下摆放缝1.2 cm，卷边缝0.5 cm，其他部位放缝1 cm，如图2-44所示。

（2）里料纸样：下摆不放缝，卷边缝0.5 cm，侧边放缝1.3 cm。粗实线为里布净样线，细实线为里布放缝线，如图2-45所示。

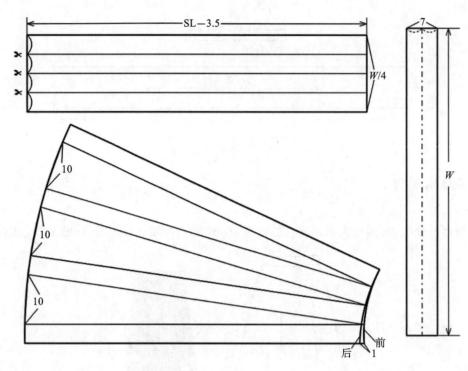

图 2-43

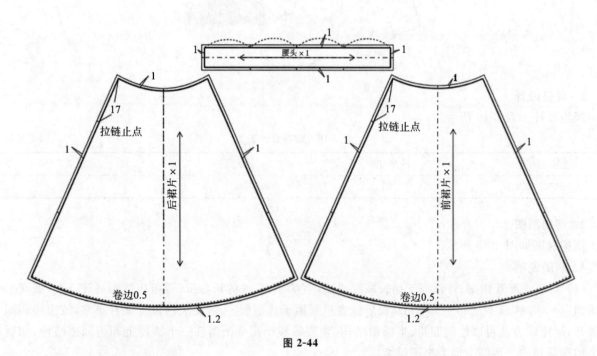

图 2-44

（3）衬料纸样，如图 2-46 所示。

（五）节裙结构制图

1. 款式分析

两节抽褶裙，腰头内装橡筋，中间加调节绳，如图 2-47 所示。

2. 规格设计

规格设计如表 2-11 所示。

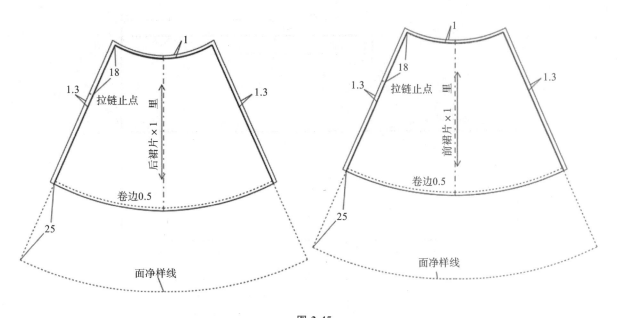

图 2-45

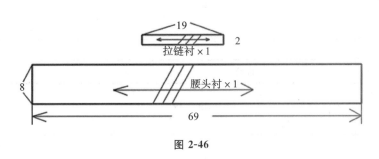

图 2-46

图 2-47

表 2-11　规格设计表　　　　　　　　　　　　　　　　　　　　（单位:cm）

号　　型	裙侧长	腰围	摆围
160/68A	45	68	180

3. 结构制图

结构制图如图 2-48 所示。

4. 制图说明

碎褶量的设计:褶量的多少视裙子的膨胀程度和面料厚薄而定,一般中等厚度面料,可按抽褶部位宽度的 2/3 或 1/2、1 倍宽度设计碎褶量;薄料可按 3/2 宽度设计碎褶量;极薄料可按 2 倍宽度设计碎褶量。

5. 纸样制作

(1)橡筋纸样:按净样,也可稍减小 5 cm 左右,如图 2-49 所示。

(2)面料纸样:①上裙片连腰头,腰口部位放缝 5 cm,其他部位放缝 1 cm,如图 2-50 所示;②下裙片双层结构,放缝 1 cm,如图 2-51 所示。

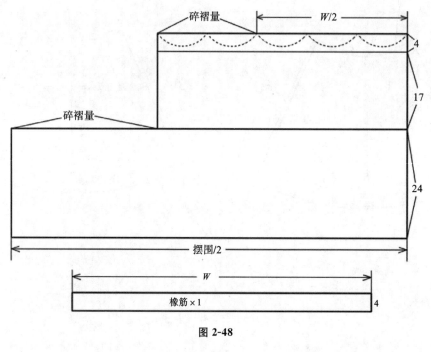

图 2-48

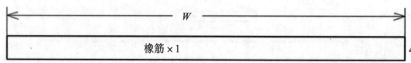

图 2-49

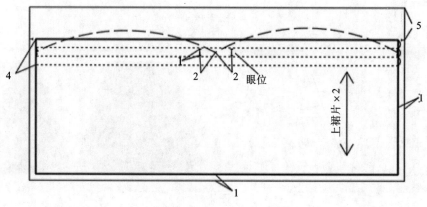

图 2-50

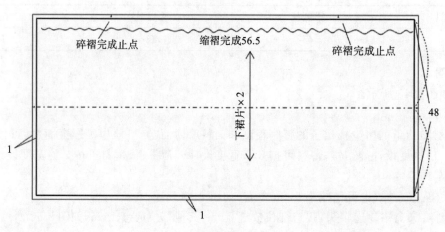

图 2-51

（六）鱼尾裙结构制图

1. 款式分析

鱼尾裙,腰臀至大腿中部合体,腰部装腰贴,前裙片三片纵向分割,后裙片左右各 1 个省,后中装隐形拉链,下摆横向分割,前后裙片下摆张开形成鱼尾造型,如图 2-52 所示。

图 2-52

2. 规格设计

规格设计如表 2-12 所示。

表 2-12　规格设计表　　　　　　　　　　　　　　　　　　　　（单位:cm）

号　　型	前中裙长	腰围	臀围
160/68A	55	70	92

3. 结构制图

结构制图如图 2-53 和图 2-54 所示。

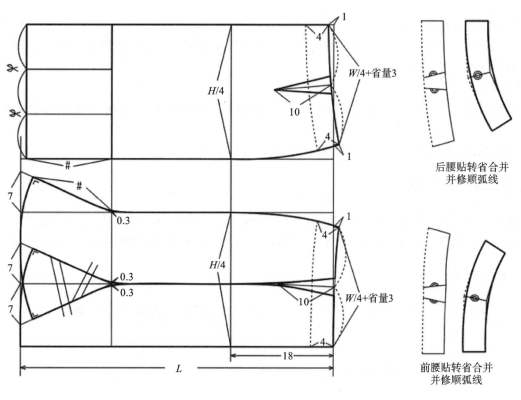

图 2-53

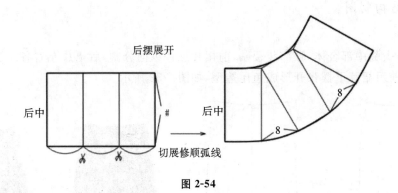

后摆展开

后中

后中

#

8

8

切展修顺弧线

图 2-54

4. 制图说明

（1）鱼尾展开的分割线设计：从省尖点作裙摆线的垂线，以此线为参考，确定鱼尾张开的量，本款在分割线处展开 7 cm。

（2）鱼尾展开起点向外偏出 0.3 cm 是为了修顺弧线，也可以向鱼尾内收 0.3 cm 左右调整弧线，如图 2-55 所示。

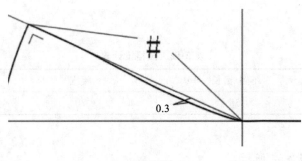

#

0.3

图 2-55

（3）下摆线与分割线形成直角，并画顺弧线。

（4）为保证前后鱼尾展开造型一致，拼接位置长度一致，后裙片鱼尾拼接位置和长度参考前鱼尾作图。

（5）前后虚线为腰贴位置。

5. 纸样制作

（1）面料纸样：下摆放缝 1.5 cm，卷边放缝 0.7 cm；腰贴底边包滚条，不放缝；其他部位放缝 1 cm，如图 2-56 所示。

（2）衬料纸样：腰贴衬放缝 0.5 cm，如图 2-57 所示。

三、学习任务小结

（1）变化裙装结构制图，低腰结构、分割线结构、褶裥结构、省的转移合并方法、切展方法的应用。

（2）带里裙的裙装纸样处理方法，注意长度的设计，里裙的省常设计成褶的形式，里裙应稍大于面裙。

四、课后作业

完成本学习任务中相应款式裙装的 1∶5 及 1∶1 结构制图，并认真阅读教材，熟悉各款式裙装纸样的制作方法。

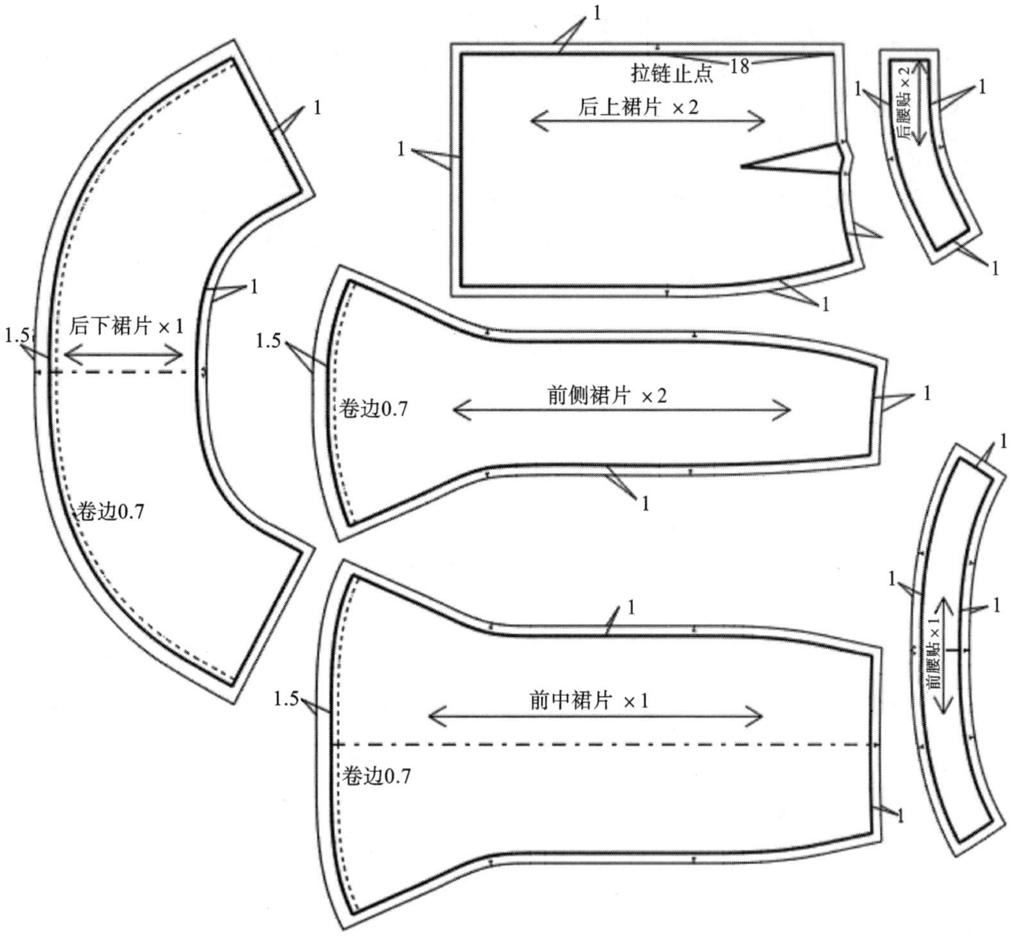

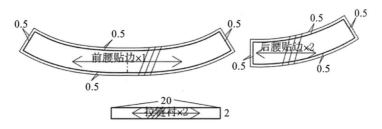

拉链止点

后上裙片 ×2

后腰贴 ×2

后下裙片 ×1

卷边0.7

1.5

前侧裙片 ×2

卷边0.7

1.5

前腰贴 ×1

前中裙片 ×1

卷边0.7

1.5

图 2-56

0.5　0.5　0.5

前腰贴边×1

0.5

0.5　0.5

后腰贴边×2

0.5　0.5

20

拉链衬×2　2

图 2-57

项目三　裤装结构制图

学习任务一　西裤结构制图

学习任务二　裤装变化款式结构制图

学习任务一　西裤结构制图

教学目标

（1）专业能力：认识裤子的分类，能正确绘制西裤结构图，进行西裤放码及西裤纸样设计。

（2）社会能力：理解西裤款式图和实物之间的关系，能描述西裤款式特点；能依据款式要求设计合理的规格尺寸，并绘制结构图和工业纸样。

（3）方法能力：培养信息归纳、总结能力，西裤结构制图、绘图能力。

学习目标

（1）知识目标：认识裤子的分类，裤子构成及裤子款式特点。

（2）技能目标：能准确描述西裤款式特征，测量裤装人体尺寸，并进行合理的规格尺寸设计；能完成西裤1:5和1:1结构制图，以及1:1纸样制作及放码。

（3）素质目标：养成严谨规范的服装结构制图理念，能与人沟通、合作，能够理论联系实际，解决实际生产中西裤结构制图问题。

教学建议

1. 教师活动

（1）讲解裤子的分类，以及裤子构成及西裤款式特点。

（2）借助多媒体技术，利用样衣、图片、人台展示等形式帮助学生理解裤子的分类、裤装构成因素和西裤结构。

（3）通过示范，引导学生绘制西裤1:5和1:1结构制图，以及1:1西裤纸样制作和放码。

2. 学生活动

（1）观察西裤样衣、图片及教学人台，认识西裤款式特征。

（2）分组完成裤装人体测量，并记录结果。

（3）观看教师示范西裤1:5和1:1结构制图，以及1:1纸样制作和放码。

（4）课前准备好皮尺、铅笔、橡皮、三角比例尺、放码尺、打板纸等制图工具，预习裤子分类及裤子与人体的关系。

一、学习问题导入

裤子是覆盖人体下半身的服装,一般由一个裤腰、一个裤裆、两条裤腿缝制而成,根据材质、造型和受众的不同有多种分类,由于穿着舒适、活动便利,深受人们的喜爱。下面我们从裤子的分类及其基本结构来认识裤子。

二、学习任务讲解

(一)裤子的分类

裤子可以从长度、廓形、腰部位置、风格、穿着场合等角度进行分类。

(1)按长度可以分为超短裤、短裤、五分裤、七分裤、九分裤、长裤等,如图 3-1 所示。

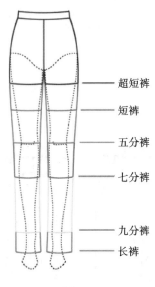

超短裤
短裤
五分裤
七分裤
九分裤
长裤

图 3-1

(2)按廓形可以分为直筒裤、锥形裤、喇叭裤、灯笼裤等,如图 3-2 所示。

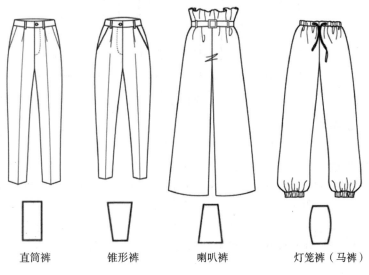

直筒裤　　　锥形裤　　　喇叭裤　　　灯笼裤(马裤)

图 3-2

(3)按腰部所处的位置可分为低腰裤、正腰裤、高腰裤,如图 3-3 所示。

(4)按风格可分为街头风、民族风、运动风、职业风、百搭风、朋克风等。

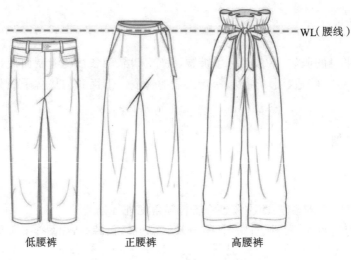

低腰裤　　　　　正腰裤　　　　　高腰裤

图 3-3

（5）按穿着场合可以分为职业裤和休闲裤等。

（二）裤子结构

1. 裤子各部位的名称

裤子各部位的名称如图 3-4 所示。

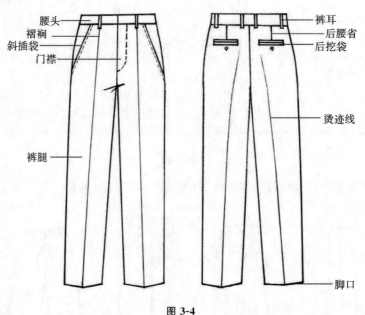

图 3-4

2. 裤子与人体部位的关系

裤子与人体部位的关系如图 3-5 所示。

（1）腰围：人体腰部最细处围量一周的尺寸。考虑人体在蹲下、坐下时腰围会加大 1.5～3 cm，须设计腰围松量，但如果腰围松量设计过大，静止时裤子外形不好看，而且腰部 2 cm 左右的压迫对人体生理没太大影响，因此腰部的松量为 0～2 cm 较好。

（2）臀围：人体臀部最丰满处围量一周的尺寸。考虑人体活动时围度尺寸的增加，如当人坐在椅子上时，臀围平均增加 2.6 cm；当蹲或盘腿坐时，臀围平均增加 4 cm。所以臀围的最小松量为 4 cm 左右（不考虑面料弹性）。

（3）腹围：腰围与臀围的中间部位，用皮尺水平围量一周的尺寸。在一些低腰的裤子中，腹围尺寸是不可缺少的参考依据。

（4）裤长：根据测量要求，由裤腰口量至脚口位置的长度，一般不需要考虑人体活动时的变化（特殊面料除外）。

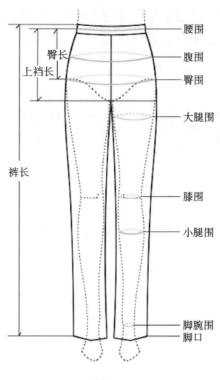

图 3-5

（5）臀长：腰围线至臀围线的垂直距离，一般为 17～19 cm。

（6）上裆长：从腰节线往下量至大腿根部的长度。采用坐姿法测量。

（7）大腿围：在大腿部最粗的部位用皮尺围成一周进行测量。是制作裤子横裆宽的一个参考依据。

（8）膝围：膝关节中央围成一周进行测量。

（9）小腿围：小腿最丰满处围成一周进行测量。

（10）脚掌围：用皮尺在下肢的后足跟经前后裸关节围成一周进行测量，如图 3-6 所示。

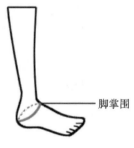

图 3-6

（11）腰部开口：考虑人体腰细臀大的特点，为方便穿脱，需要在腰部设计开口，位置可前可后，或者在侧边，开口下端设计在臀围线附近。

（三）女西裤结构制图

1. 款式特征

款式特征如图 3-7 所示。

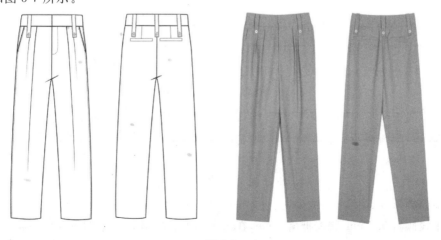

图 3-7

　　腰部贴合人体,臀围线以下裤腿呈直身轮廓,装腰头,前裤片各设 2 个省褶裥,两侧有斜插袋,后裤片中各设 1 个省、单嵌袋,装尼龙(明)拉链,耳仔安装纽扣,无里。

2. 规格设计

规格设计如表 3-1 所示。

表 3-1　女西裤规格设计表

(单位:cm)

号　　型	裤长(L)	腰围(W)	臀围(H)	臀长	上裆长	中裆	脚口	腰头高
160/66A	99	68	94	18	26	23	20	5

注:腰围松量为 2 cm(参考加放 0～2 cm);臀围松量为 4 cm(参考加放 4～6 cm)。

3. 结构制图

考虑裤子左右对称,为简化作图,以右半身为基础制图。制图步骤如下。

(1)绘制前裤片基本框架。

步骤一:画长度等于裤长减腰头高的直线为侧缝线。

步骤二:在侧缝线上根据臀长找到臀围线、上裆线的位置。

步骤三:画出膝围线、脚口线以及前片基本框架,如图 3-8 所示。

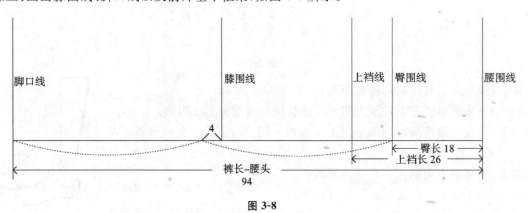

图 3-8

(2)绘制前裤片结构。

步骤四:臀围线上量取 $H/4$ 作为前臀围宽度。

步骤五:将上裆线延长画出前裆宽 $0.04H$。

步骤六:画出前裤中线,如图 3-9 所示。

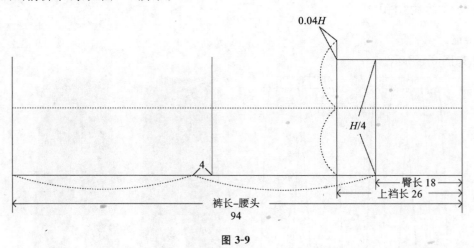

图 3-9

步骤七:画出前裆弧线。

步骤八:前中线倾斜 0.7 cm,腰线低落 1 cm,在腰围线上量取 $W/4+$褶裥量 5 cm,做出前腰围大。

步骤九：在前腰围大处曲线连接前侧腰臀线和腰围线（两线呈垂直状态）。

步骤十：膝围线上取中裆－2 cm尺寸。

步骤十一：脚口线上取脚口－2 cm尺寸，如图3-10所示。

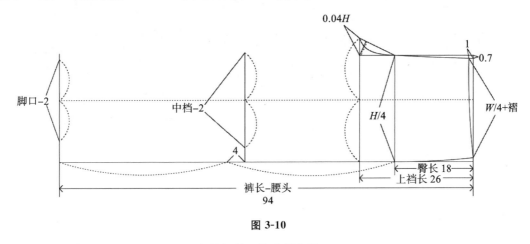

图 3-10

步骤十二：腰围线上画出3 cm、2 cm宽的褶裥，做出前褶裥。

步骤十三：腰围线上画出斜插袋的位置及大小。

步骤十四：画出下裆弧线。

步骤十五：加粗前裤片制成线，完成前裤片结构制图，如图3-11所示。

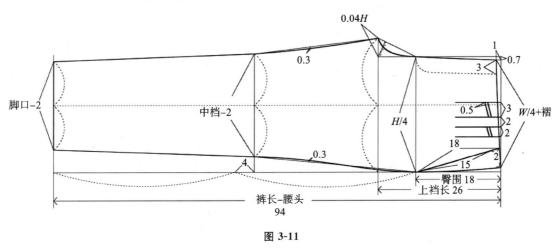

图 3-11

（3）绘制后裤片基本框架。

步骤一：将前裤片腰围线、臀围线、横裆线、膝围线、裤长线延长，作出后裤片基本框架（为避免前后结构重叠，拉开适当距离绘制后裤片）。

步骤二：臀高上取15∶3倾斜度画出后上裆倾斜线。

步骤三：臀围线起翘2.5 cm并量取H/4作弧线，确定臀围尺寸，画出以后臀围为宽度的后片基本框架。

步骤四：将上裆线延长，画出后裆宽0.1H，并落裆0.7 cm。

步骤五：画出后裤片中线。

步骤六：膝围线上取中裆＋2 cm尺寸。

步骤七：裤长线上取脚口＋2 cm尺寸。

步骤八：画出后裆弧线。

步骤九：将后中倾斜线与腰围线相交处延长，画后腰起翘量2.5 cm，在腰围线上量取W/4＋省量2 cm，做出后腰围大。

步骤十：在后腰围大处曲线连接后侧腰臀线和腰围线（两线呈垂直状态），如图3-12所示。

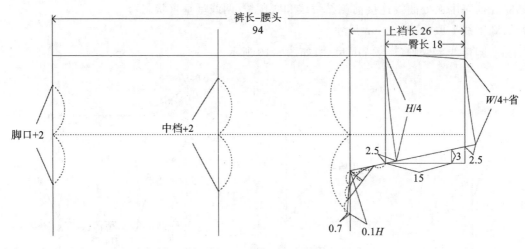

图 3-12

（4）绘制后裤片结构。

步骤十一：画出单嵌袋的位置及大小。

步骤十二：单嵌袋 1/2 处空出 0.5 cm 确定省尖，做垂线至腰围，省宽 3 cm，做出后腰省。

步骤十三：画出侧缝线。

步骤十四：画出下裆弧线。

步骤十五：加粗后裤片制成线，标注丝缕方向，完成后裤片结构制图，如图 3-13 所示。

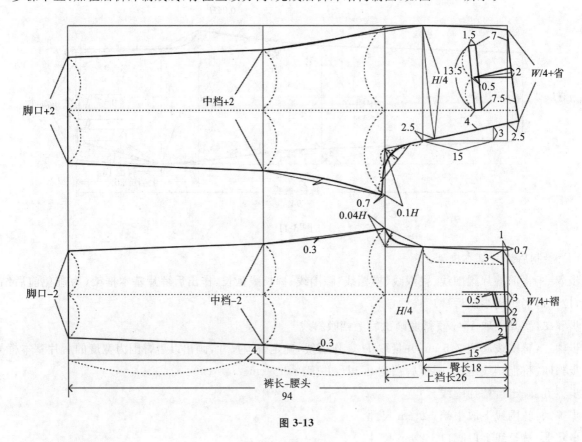

图 3-13

（5）绘制腰头结构。

做长度为腰围大、宽度为腰头高的二倍的矩形结构，注意标注对位标记，如图 3-14 所示。

（6）绘制零部件结构。

零部件结构如图 3-15 所示。

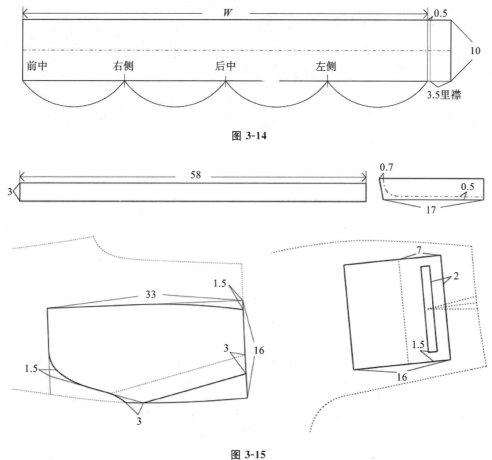

图 3-14

图 3-15

4. 制图说明

（1）前后臀围的分配：前臀围＝H/4，后臀围＝H/4（简单，方便计算）。

（2）腰围的分配同臀围分配一致，这样结构更协调。

（3）前中心低落 1 cm 是为了侧缝拼合后腰弧线圆顺，不凸也不凹。

（4）总裆宽＝人体腹臀宽＋少量松量，一般裤装总裆宽取值为 0.13H～0.16H，合体型裤子前裆宽 0.04H，后裆宽 0.1H。

（5）根据裤装不同风格，后上裆倾斜的比值可以进行调整，如正常体型的后中线倾斜度为 15：3 左右；凸臀体的后中线倾斜度为 15：4 左右；平臀体的后中线倾斜度为 15：1.5 左右。

（6）为了适应人体下肢蹲、起、走、坐的需要设定后腰起翘量。一般情况下，正常体形或合体型裤子的后翘高度取 2.5 cm 左右为宜；凸臀体形或贴体型裤子的后翘高度取 3 cm 左右为宜；平臀体形或宽松型裤子的后翘高度取 1.5 cm 左右为宜。

（7）后裤片落裆的产生主要是由于人体裆部结构造成的。后裤片横裆位置要在前裤片横裆线的基础上下落 0.7～1.2 cm。

（8）单个省量的设计一般控制在 2～3.5 cm 之间为宜；省尖落在中臀围线附近较好看；同时需要考虑后单嵌袋的位置设计。

（9）褶裥量的设计一般由腰围和臀围差数来决定，同时根据款式设定褶裥的大小及数量。

（10）拉链重叠量：为了避免拉链拉合后露牙，在前开口位置设计 0.5 cm 左右的重叠量，重叠量设计在装里襟的前裤片前中心处，因此腰头长度要在靠里襟处加上 0.5 cm。

5. 纸样制作

（1）面料纸样：包括前裤片、后裤片、门襟、里襟及腰头等纸样，如图 3-16 所示。参考车缝工艺、面料和款式要求，裤子脚口放缝 4 cm，其他部位放缝 1 cm，后袋布不放缝。

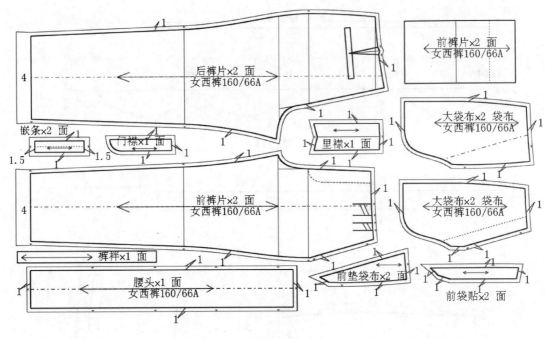

图 3-16

（2）衬料纸样：腰头衬（布衬）、开袋衬、嵌条（薄无纺衬）、门襟衬、里襟衬（薄无纺衬），如图 3-17 所示。

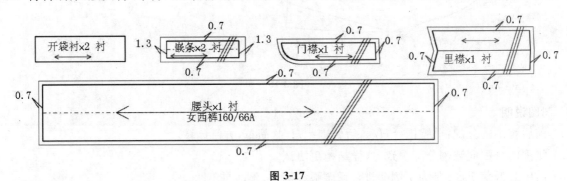

图 3-17

（3）净纸样，如图 3-18 所示。

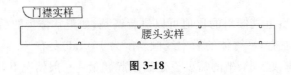

图 3-18

6. 西裤放码

（1）女西裤规格系列表如表 3-2 所示。

表 3-2 女西裤规格系列表 （单位：cm）

部　位	号　　型			档差
	155/66A	160/66A	165/70A	
裤长	96	99	102	3
腰围（W）	64	68	72	4
臀围（H）	90	94	98	4
上裆长	25.4	26	26.6	0.6
脚口	19	20	20.5	0.5
腰头高	5	5	5	0

（2）放码。

前裤片、后裤片、腰头、门襟和里襟的放码如图3-19所示。各部位放码数值如表3-3所示。

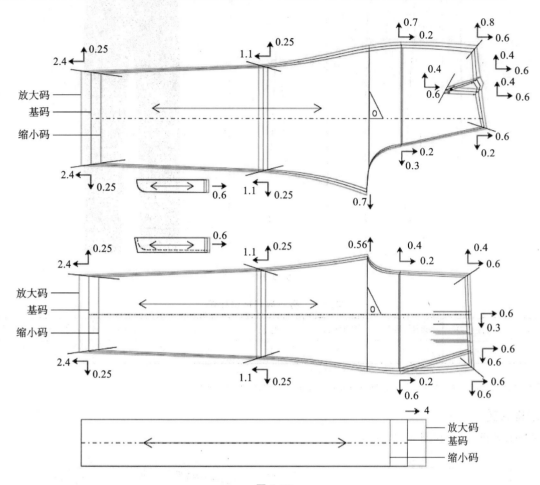

图 3-19

表 3-3　各部位放码数值表　　　　　　　　　　　　　　　　　　　　　　　　（单位：cm）

放码部位	规格档差	计算比例	放码数值
裤长	3		3
腰围	4	1/4	1
臀围	4	1/4	1
上裆长	0.6		0.6
脚口	0.5	1/2	0.25
腰头高	0		0

（四）男西裤结构制图

1. 款式特征

款式特征如图3-20所示。

腰部贴合人体，臀围线以下裤腿呈直身轮廓，装腰头，前裤片各设1个省褶裥，两侧有斜插袋，后裤片中各设1个省、单嵌袋配纽扣，装尼龙（明）拉链，六个裤袢，无里。

2. 规格设计

规格设计如表3-4所示。

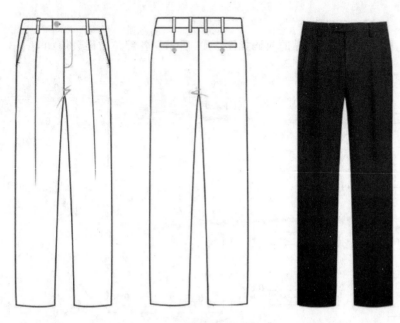

图 3-20

表 3-4　男西裤规格设计表　　　　　　　　　　　　　　（单位：cm）

号　　型	裤长(L)	腰围(W)	臀围(H)	臀长	上裆长	中裆	脚口	腰头高
170/74A	99	76	100	18	27.5	23	21	3

注：腰围松量为 2 cm(参考加放 0～2 cm)；臀围松量为 10 cm(参考加放 10～14 cm)。

3．结构制图

结构制图如图 3-21 和图 3-22 所示。

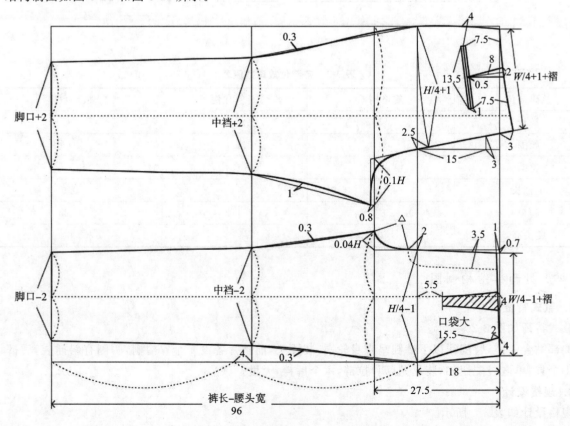

图 3-21

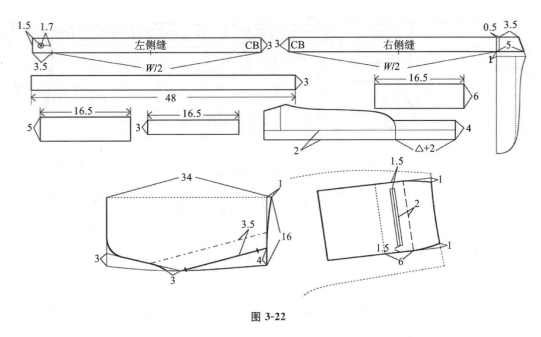

图 3-22

4. 制图说明

(1) 前后臀围的分配:前臀围＝$H/4-1$,后臀围＝$H/4+1$。

(2) 腰围的分配同臀围分配一致,这样结构更协调。

(3) 前中心低落 1 cm 是为了侧缝拼合后腰弧线圆顺,不凸也不凹。

(4) 总裆宽＝人体腹臀宽＋少量松量,一般裤装总裆宽取值为 $0.13H \sim 0.16H$,合体型裤子前裆宽 $0.04H$,后裆宽 $0.1H$。

(5) 后上裆倾斜的比值为 15∶3 左右。

(6) 为了适应人体下肢蹲、起、走、坐的需要,设定后腰起翘量为 3 cm。

(7) 后裤片横裆线要在前裤片横裆线的基础上下落 0.8 cm。

(8) 拉链重叠量:为了避免拉链拉合后露牙,在前开口位置设计 0.5 cm 左右的重叠量,重叠量设计在装里襟的前裤片前中心处,因此腰头长度要在靠里襟处加上 0.5 cm。

5. 纸样制作

(1) 面料纸样:包括前裤片、后裤片、门襟、里襟及腰头等纸样,如图 3-23 所示。裤子脚口放缝 4 cm,其他部位放缝 1 cm,后袋布不放缝。

(2) 衬料纸样:腰头衬(布衬)、开袋衬、上下嵌条(薄无纺衬)、门襟衬、里襟衬(薄无纺衬),如图 3-24 所示。

(3) 净纸样,如图 3-25 所示。

三、学习任务小结

(1) 裤子是覆盖人体下半身的服装,可以从长度、廓形、腰位高低、风格、穿着场合等对其进行分类。

(2) 裤装人体测量部位:腰围(腰部最细处围量一周)、臀围(臀部最丰满处围量一周)、腹围(腰围与臀围的中间部位量一周)、臀长(腰线至臀线的垂直距离)、裤长(腰至脚口的垂直距离)、上裆长(从腰节线往下量至大腿根部的长度)、大腿围(大腿部最粗的部位量一周)、膝围(膝关节中央围量一周)、小腿围(小腿最丰满处围量一周)。

(3) 松量的加放:考虑人体活动及款式需要,女西裤腰围加放 0~2 cm,臀围加放 4~6 cm;男西裤腰围加放 0~2 cm,臀围加放 10~14 cm。

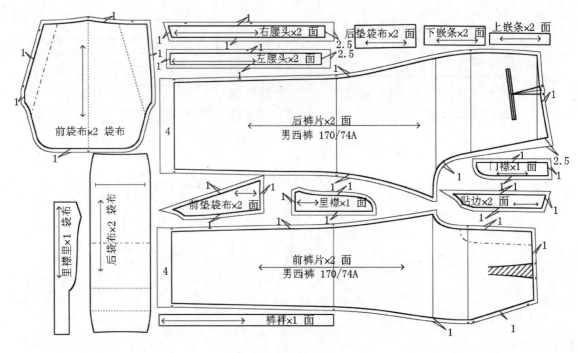

图 3-23

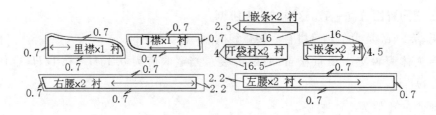

图 3-24

图 3-25

（4）西裤结构制图要领：作框架图（定长度位置和臀宽大小），前后裙片臀围分配（前后 $H/4$ 或前 $H/4-1$，后 $H/4+1$），腰围分配（同臀围分配方法），腰臀差可以设计为省量或褶裥，省长设计（中臀围附近），省的位置（按腰围等分设置，中线垂直腰），前中低落（0.7～1 cm），后中起翘（2.5～3 cm）。

（5）纸样放码：为了服装号型系列工业化生产需要，首选多号型纸样制作方法。操作过程中要注意公共线和放码点的选取，放码量的计算结合档差和制图比例推算。

四、课后作业

（1）请结合本学习任务中"裤子与人体部位的关系"知识点，完成表 3-5 中相应的人体部位测量数据。

表 3-5　裤装人体测量数据　　　　　　　　　　　　　　　　　　　　　（单位：cm）

裤装人体测量		
被测者：		测量日期：
序号	测量项目	数据
1	腰围	
2	臀围	

裤装人体测量

3	臀长	
4	大腿围	
5	膝围	
6	小腿围	
7	脚掌围	
8	上裆长	
9	臀长	

（2）选择本学习任务中女西裤，完成其 1:5 及 1:1 结构制图，1:1 纸样及 1:1 放码。规格设计参考如表 3-6 所示。

表 3-6　规格设计参考表　　　　　　　　　　　　　　　　　　（单位：cm）

部　　位	号　　型			
	155/66A	160/66A	165/70A	档差
裤长	96	99	102	3
腰围（W）	64	68	72	4
臀围（H）	90	94	98	4
上裆长	25.4	26	26.6	0.6
脚口	19	20	20.5	0.5
腰头高	5	5	5	0

学习任务二　裤装变化款式结构制图

教学目标

（1）专业能力：认识裤装款式变化规律；能运用西裤结构制图方法和原理绘制裤装变化款式结构图。

（2）社会能力：读懂款式图和产品实物图，能准确描述裤装特点，会设计合理的规格尺寸，并完成裤装变化款式结构制图。

（3）方法能力：能够举一反三，将裤装结构制图原理和方法灵活应用于生产实践。

学习目标

（1）知识目标：认识裤装款式变化规律，认知高腰、低腰、分割线和褶裥在裤装结构中的应用。

（2）技能目标：能准确分析裤装款式特征，合理设计规格尺寸，完成结构图绘制、纸样制作。

（3）素质目标：养成严谨规范的服装结构制图理念，能与人有效沟通、合作，能够理论联系实际，解决实际生产中裤装变化款式结构制图问题。

教学建议

1. 教师活动

（1）通过 PPT 图片、样衣展示引导学生认识裤装款式变化规律。

（2）通过示范讲解引导学生掌握常见裤装结构制图方法。

2. 学生活动

（1）观察裤子样衣、款式图片，理解裤装款式变化规律。

（2）分组讨论裤子款式特征及规格尺寸，并记录和分享。

（3）观看教师示范 1:1 结构制图，完成 1:5 结构制图和纸样制作。

（4）课前准备好铅笔、橡皮、三角比例尺、笔记本等制图工具。

一、学习问题导入

裤子款式变化繁多,可以表现在很多方面,比如长短变化;开口位置可前、可侧;臀围的松量、脚口尺寸的变化也会使裤子呈现不同的廓形,如阔腿裤、锥形裤、铅笔裤等;款式中还可加入刀褶、工字褶等褶的设计,增添更多俏皮、妩媚之感;另外分割线、腰位高低变化也是款式变化的重要手法。下面我们通过几个案例来学习裤装变化款式的结构制图方法。

二、学习任务讲解

(一)褶裥短裤结构制图

1. 款式分析

裤长至大腿中部,臀部较合体,高腰结构,装褶裥腰头,腰部五个裤耳,束腰带,前门襟开口装尼龙明拉链,前裤片左右各 1 个工字褶及侧缝直插袋,后裤片左右各 1 个省及单嵌袋,褶裥、腰头、裤耳及下摆压单明线,如图 3-26 所示。

图 3-26

2. 规格设计

褶裥短裤规格设计如表 3-7 所示。

表 3-7 褶裥短裤规格设计表 (单位:cm)

号 型	裤长(L)	腰围(W)	臀围(H)	臀长	上裆长	脚口	腰头高
160/66A	45.5	66	96	18	25	28.5	4

注:腰围松量为 2 cm;臀围松量为 6 cm。

3. 结构制图

结构制图如图 3-27 和图 3-28 所示。

4. 制图说明

(1)制图步骤参考学习任务一的女西裤结构制图。

(2)前后臀围和腰围分配:因前裤片有 1 个工字褶,后裤片只有 1 个省,制图时臀围的分配为前 $H/4-1$,后 $H/4+1$;腰围的比例分配为前 $W/4-1$,后 $W/4+1$。

(3)前褶设计:将前省道设置为工字褶。

(4)高腰设计:腰头部分为 3 cm 宽的内工字褶腰头。

(5)拉链重叠量:为了避免拉链拉合后露牙,在前开口位置设计 0.5 cm 左右的重叠量,重叠量设计在装里襟的前裤片前中心处,因此腰头长度要在靠里襟处加上 0.5 cm。

5. 纸样制作

(1)面料纸样:裤片脚口放缝 3 cm,腰褶边条单边放缝 1.5 cm,滚边工艺,其他部位放缝 1 cm,如图 3-29 所示。

(2)衬料纸样:开袋衬、腰褶边条、腰带用净样衬;里襟、门襟、嵌条衬放缝 0.7 cm,如图 3-30 所示。

(3)净纸样,如图 3-31 所示。

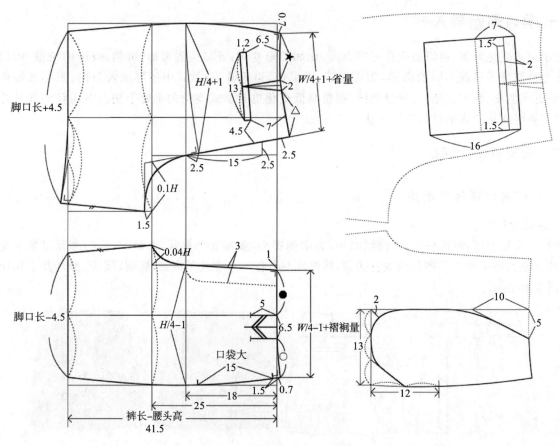

图 3-27

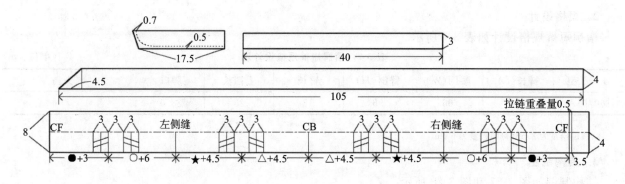

图 3-28

（二）不对称褶裥裙裤结构制图

1. 款式分析

正腰裙裤，左右不对称设计，右前片有褶裥，装腰头，左侧装隐形拉链，如图 3-32 所示。

2. 规格设计

不对称褶裥裙裤规格设计如表 3-8 所示。

（单位：cm）

表 3-8　不对称褶裥裙裤规格设计表

号　　型	裤长（L）	腰围（W）	臀围（H）	臀长	上裆长	腰头高
160/66A	58	66	94	18	28	3.5

注：腰围松量为 2 cm；臀围松量为 4 cm。

3. 结构制图

结构制图如图 3-33 和图 3-34 所示。

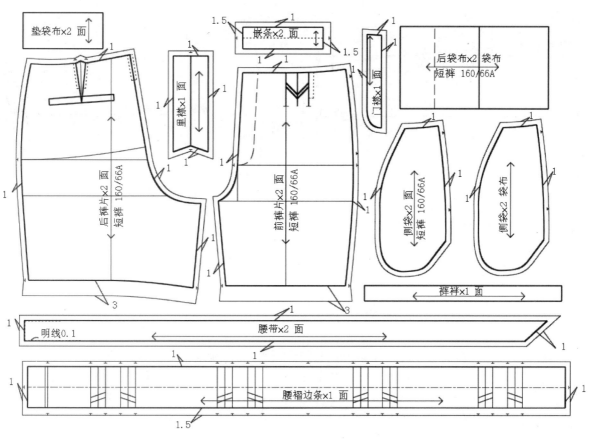

图 3-29

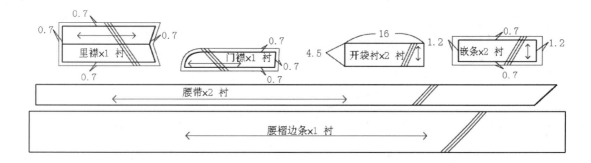

图 3-30

门襟实样

图 3-31

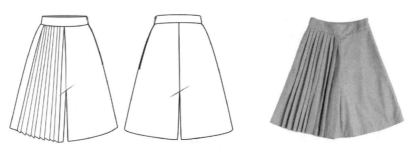

图 3-32

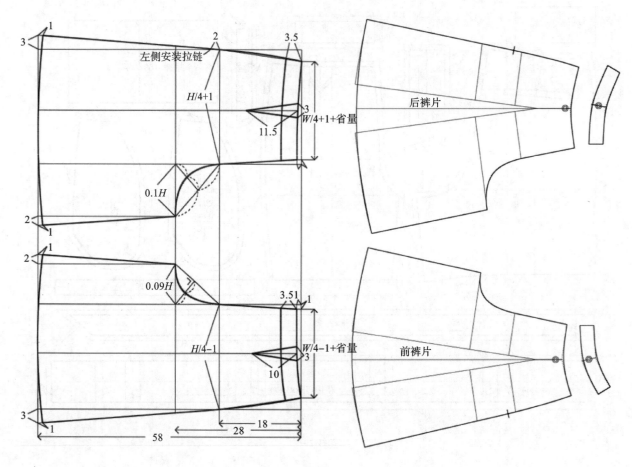

图 3-33

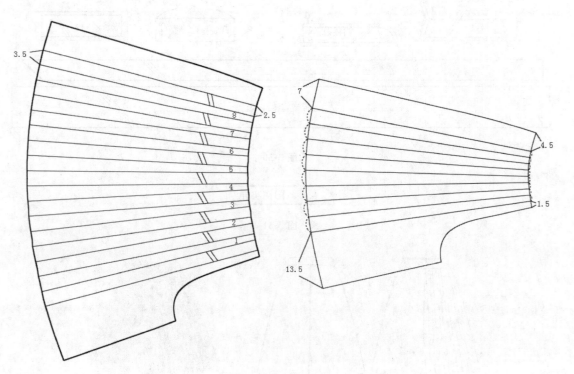

图 3-34

4. 制图说明

（1）前后臀围和腰围分配：制图时臀围的分配为前 $H/4-1$，后 $H/4+1$；腰围的比例分配为前 $W/4-1$，后 $W/4+1$。

（2）裙裤结构后中心线低落处理，本款式低落 1 cm。

（3）裙裤的腰口线通常为贴合人体的弯弧形，腰头的结构在裙片上做分割，再合并转省而成。

（4）褶裥的展开：绘制褶的展开线，腰围线处开褶量 2.5 cm，下摆线处开褶量 3.5 cm，本款式中的褶为单向刀褶。

5. 纸样制作

（1）面料纸样如图 3-35 和图 3-36 所示。

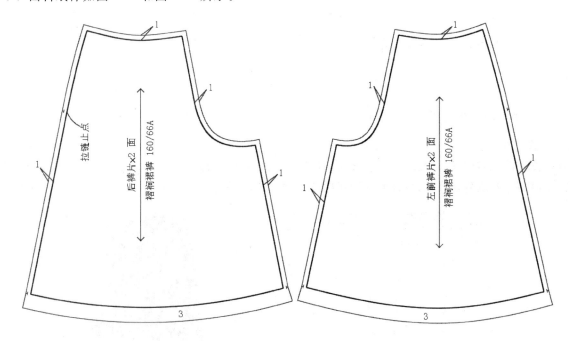

图 3-35

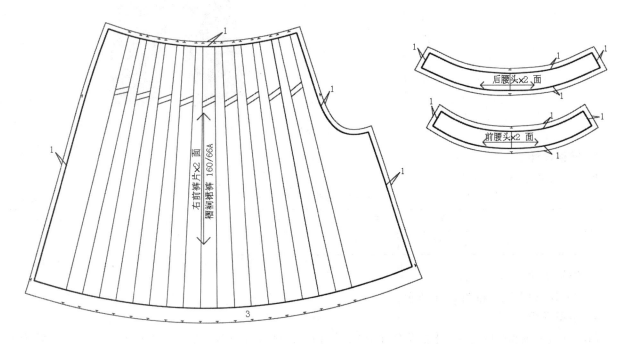

图 3-36

（2）衬料纸样：拉链衬用净样衬，腰头放缝 0.7 cm，如图 3-37 所示。

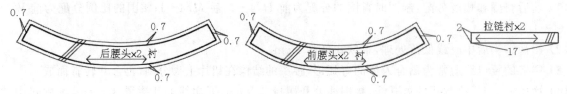

图 3-37

（3）净纸样，如图 3-38 所示。

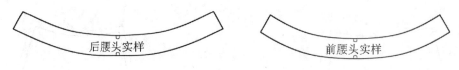

图 3-38

（三）阔腿裤结构制图

1. 款式分析

阔腿长裤，臀部较合体，中腰结构，装腰头，腰部五个裤耳，前门襟开口装金属明拉链，前片挖袋，右侧配零钱袋，后片贴袋，侧缝有分割，整件牛仔裤压明线。如图 3-39 所示。

图 3-39

2. 规格设计

规格设计如表 3-9 所示。

表 3-9　阔腿裤规格设计　　　　　　　　　　　　　　　　（单位：cm）

号　　型	裤长（L）	腰围（W）	臀围（H）	臀长	上裆长	脚口	腰头高
160/66A	100	72	90	18	26	18	2.5

3. 结构制图

结构制图如图 3-40 和图 3-41 所示。

4. 制图说明

（1）前后臀围和腰围分配：此款采用牛仔微弹面料，制图使用净腰、臀尺寸。制图时臀围的分配为前 $H/4-1$，后 $H/4+1$；腰围的比例分配为前 $W/4-1$，后 $W/4+1$。

（2）考虑阔腿裤的造型需求，裤中心线向侧缝处偏移 0.5 cm。

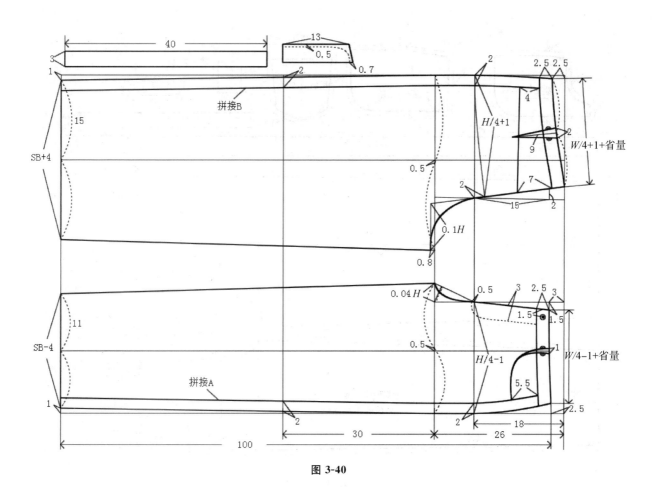

图 3-40

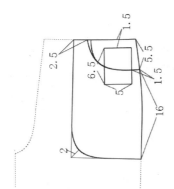
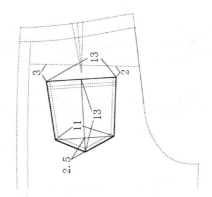

图 3-41

（3）低腰结构在原正腰位置做低落处理，本款式前中低落 3 cm，侧缝低落 2.5 cm。

（4）前片腰省 1 cm，利用挖袋分割线绘制弯弧型省道。

（5）中腰裤的腰口线通常为贴合人体的弯弧形，前后腰头的结构合并转省而成。

（6）拉链重叠量：为了避免拉链拉合后露牙，在前开口位置设计 0.5 cm 左右的重叠量，重叠量设计在装里襟的前裤片前中心处，因此腰头长度要在靠里襟处加上 0.5 cm。

5. 纸样制作

（1）面料纸样：裤片脚口放缝 4 cm；后贴袋上口放缝 3 cm；零钱袋上口放缝 2 cm，其他部位放缝 1 cm，如图 3-42 所示。

（2）衬料纸样：腰头、门襟、里襟放缝 0.7 cm，如图 3-43 所示。

（3）净纸样，如图 3-44 所示。

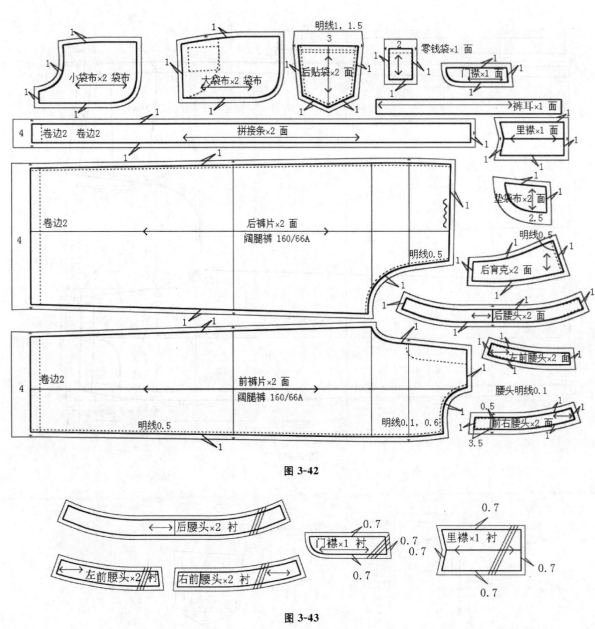

图 3-42

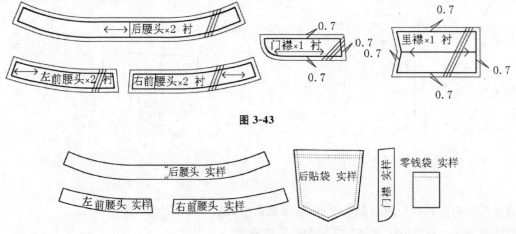

图 3-43

图 3-44

（四）铅笔裤结构图

1. 款式分析

合体铅笔裤,臀部较合体,高腰结构,装腰头,腰头部分上下有荷叶边装饰,后片左右各有 1 个省道,单嵌口袋,如图 3-45 所示。

2. 规格设计

规格设计如表 3-10 所示。

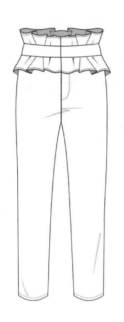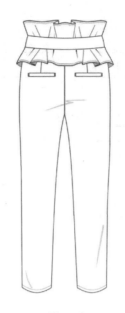

图 3-45

表 3-10 铅笔裤规格设计表 （单位:cm）

号　　型	裤长(L)	腰围(W)	臀围(H)	臀长	上裆长	脚口	腰头高
160/66A	96	68	90	18	26	18	3

注:腰围松量为 2 cm。

3. 结构制图

结构制图如图 3-46 和图 3-47 所示。

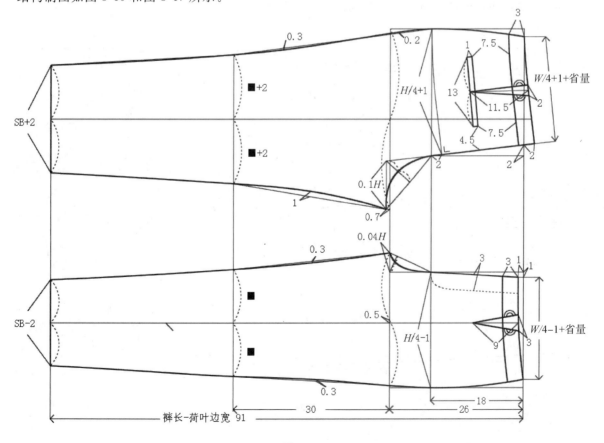

图 3-46

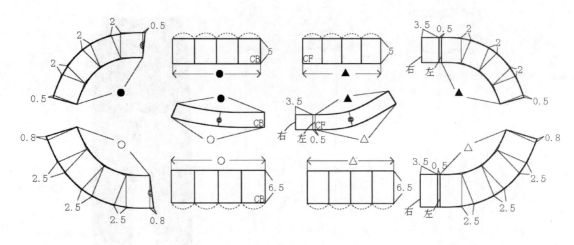

图 3-47

4. 制图说明

（1）前后臀围和腰围分配：制图时臀围的分配为前 $H/4-1$，后 $H/4+1$；腰围的比例分配为前 $W/4-1$，后 $W/4+1$。

（2）考虑铅笔裤的造型需求，裤中心线向侧缝处偏移 0.5 cm。

（3）切展法展开荷叶边：腰头的上、下都有荷叶边的设计，测量上下腰头的尺寸展开适当的量，波浪协调则均匀展开；切展后修顺下摆弧线。

（4）拉链重叠量：为了避免拉链拉合后露牙，在前开口位置设计 0.5 cm 左右的重叠量，重叠量设计在装里襟的前裤片前中心处，因此腰头长度要在靠里襟处加上 0.5 cm。

5. 纸样制作

（1）面料纸样：下摆放缝 3 cm，其他部位放缝 1 cm，如图 3-48 和图 3-49 所示。

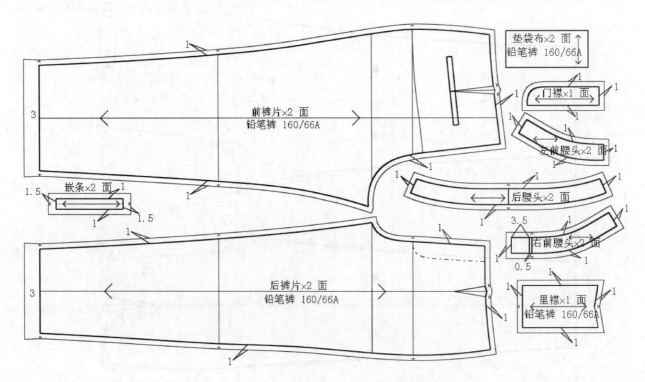

图 3-48

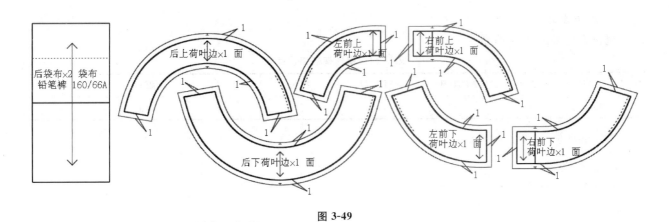

图 3-49

（2）衬料纸样：腰头、门襟、里襟、开袋衬、嵌条衬，如图 3-50 所示。

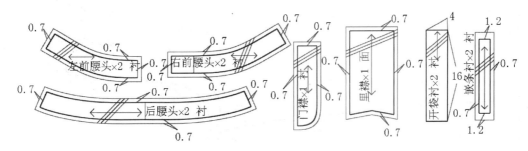

图 3-50

（3）净纸样如图 3-51 所示。

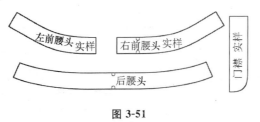

图 3-51

（五）锥形裤结构制图

1. 款式分析

锥形裤高腰裤，臀部宽松，连腰结构，腰部五个裤耳，束腰带，腰带有 3 颗纽扣，前门襟开口，装尼龙明拉链，前片左右各 2 个刀褶，侧缝斜插袋，后片左右各 2 个省，单嵌袋、裤耳、腰带及下摆压单明线，如图 3-52 所示。

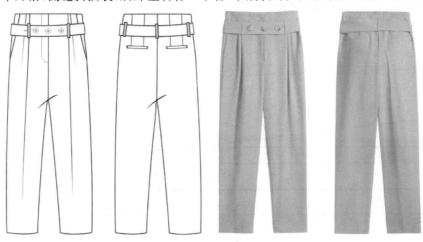

图 3-52

2. 规格设计

规格设计如表 3-11 所示。

表 3-11 锥形裤规格设计表 （单位:cm）

号　　型	裤长（L）	腰围（W）	臀围（H）	臀长	上裆长	脚口	腰头高
160/66A	99	68	94	18	26	19	5.5

注:腰围松量为 2 cm;臀围松量为 4 cm。

3. 结构制图

结构制图如图 3-53 和图 3-54 所示。

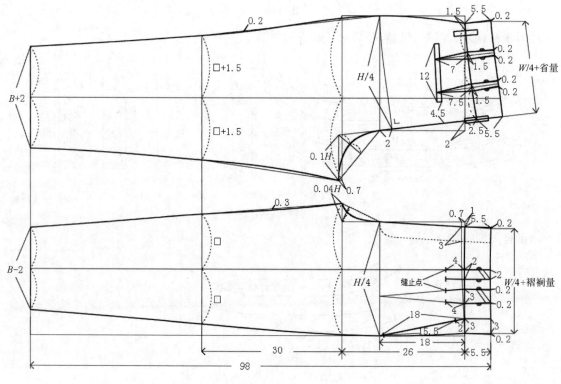

图 3-53

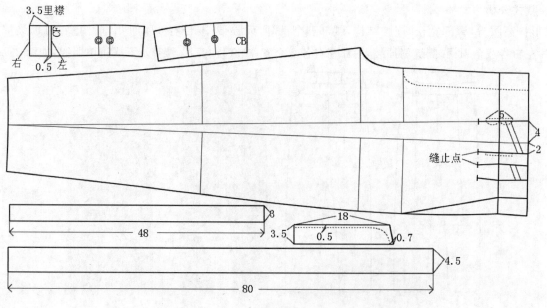

图 3-54

4. 制图说明

（1）前后臀围和腰围分配：制图时臀围的分配为前 $H/4$、后 $H/4$；腰围的比例分配为前 $W/4$、后 $W/4$。

（2）高腰设计：前裤片将腰臀差做 2 个褶裥量，后裤片做橄榄形省道，腰头处省道各边向内收 0.2 cm，如图 3-55 所示。

图 3-55

（3）切展法展开前片：前片裤中线做刀褶，从脚口至腰头展开 4 cm 的量，切展后修顺脚口弧线。

（4）拉链重叠量：为了避免拉链拉合后露牙，在前开口位置设计 0.5 cm 左右的重叠量，重叠量设计在装里襟的前裤片前中心处，因此腰头长度要在靠里襟处加上 0.5 cm。

5. 纸样制作

（1）面料纸样：下摆放缝 4 cm，其他部位放缝 1 cm，如图 3-56 和图 3-57 所示。

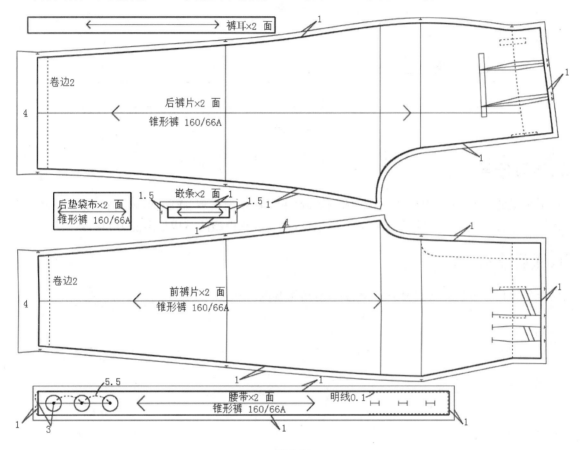

图 3-56

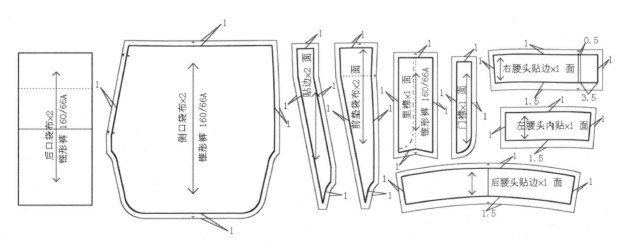

图 3-57

（2）衬料纸样：腰头内贴、腰带、门襟、里襟，开袋衬、嵌条衬，如图 3-58 所示。

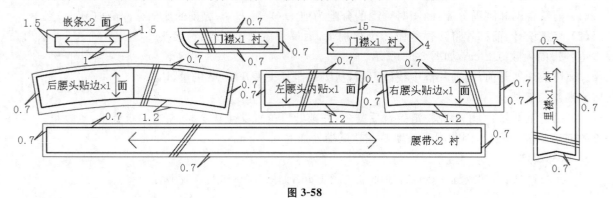

图 3-58

（3）净纸样，如图 3-59 所示。

图 3-59

三、学习任务小结

通过本次课的学习，同学们初步了解了褶裥短裤、不对称褶裥裙裤、阔腿裤、铅笔裤、锥形裤的结构制图方法。课后，同学们要反复巩固课堂上所学的知识点，提高各种裤型的结构绘图能力和实践制作能力。

四、课后作业

完成本学习任务中相应款式裤子的 1:5 及 1:1 结构制图。

项目四　衬衫结构制图

学习任务一　男衬衫结构制图

学习任务二　女衬衫结构制图

学习任务三　连衣裙结构制图

学习任务四　旗袍结构制图

学习任务一　男衬衫结构制图

教学目标

(1) 专业能力：掌握男衬衫结构制图的方法。

(2) 社会能力：提高对服装款式图的认识能力、尺寸分析能力和方法选择能力。

(3) 方法能力：能多看课件、多看视频、认真倾听、多做笔记；能多问、多思、勤动手；课堂上小组活动主动承担，相互帮助；课后在专业技能上主动多实践。

学习目标

(1) 知识目标：掌握男衬衫结构制图的基础知识，并理解其结构制图的基本原理。

(2) 技能目标：掌握男衬衫结构图的绘制方法，提高男衬衫结构制图能力。

(3) 素质目标：具备规范绘图能力和一定的图纸表达能力。

教学建议

1. 教师活动

(1) 借助多媒体技术、样衣、图片、人台展示等形式帮助学生理解男衬衫服装裁片的组成部分及衣领、袖子、下摆的变化规律。

(2) 通过示范引导学生完成男衬衫1∶5、1∶1结构图，以及工业图和工业放码。

2. 学生活动

(1) 学生分组进行男衬衫制图打版实训，完成1∶5小图和1∶1工业大图。

(2) 课前准备好皮尺、铅笔、橡皮、三角比例尺、放码尺、打板纸等制图工具，预习男衬衫结构图。

一、学习问题导入

衬衫是可贴身穿着的服装。按穿着对象可分为男式衬衫和女式衬衫;按穿着场合可分为正式衬衫和休闲衬衫;另外也可从面料、风格、袖子长短等方面进行分类。衬衫是人们较为钟爱的一种服装类别,其基本结构一般由前后衣片、袖片、领片等组合而成,款式随着流行趋势的发展而不断变化。

二、学习任务讲解

1. 衬衫各部位名称

衬衫各部位名称如图 4-1 所示。

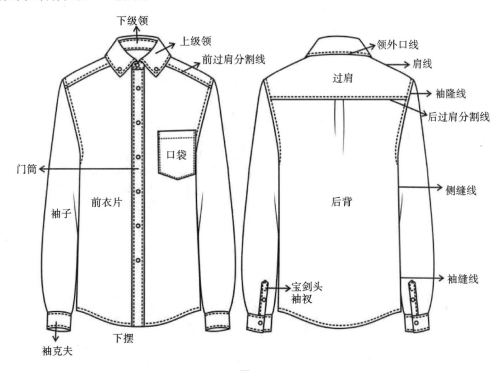

图 4-1

2. 衬衫结构线条名称

衬衫结构线条名称如图 4-2 所示。

3. 衬衫人体测量

衬衫属于上衣类别,服装结构制图需要参考的人体部位有颈部、肩部、胸部、背部、腰臀部及手臂等,人体测量示意图如图 4-3 所示。成年男女标准人体测量数据如图 4-4 所示。

胸围:通过胸围最丰满处,水平围量一周。

腰围:腰部最细处,水平围量一周。

颈根围:经过后颈椎点、颈侧点、前颈窝点,围量一周。

肩宽:从后左肩骨外端点,量至右肩骨外端点。

臂长:肩骨外端经过肘点向下量至手腕点。

前腰节长:由颈侧点通过胸部最高点量至腰节最细处。

后腰节长:由颈侧点通过脊部最高点量至腰节最细处。

背长:由后颈椎点量至腰间最细处。

臀围:臀部最丰满处,水平围量一周。

胸高:由颈侧点量至乳峰点。

乳间距:两乳峰点之间的距离。

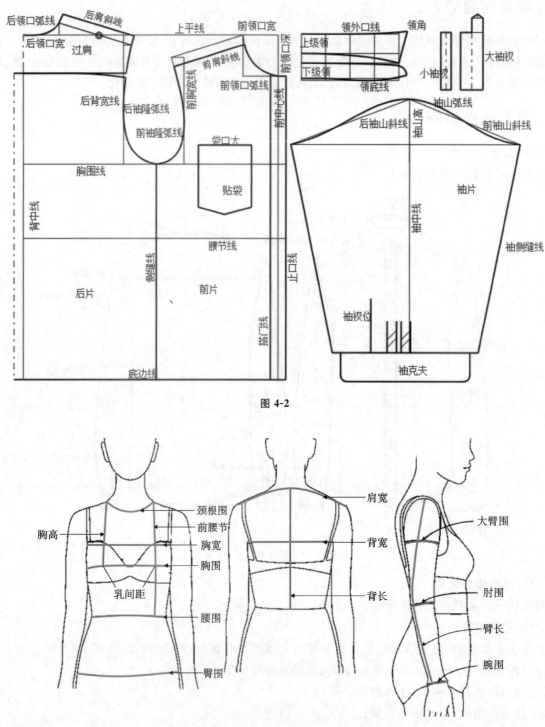

图 4-2

图 4-3

臀长:由侧腰部骨宽骨处量至臀部最丰满处的距离。

胸宽:胸部左右腋点之间的距离。

背宽:背部左右腋点之间的距离。

4. 男衬衫结构制图

（1）款式特征。

分体翻领长袖男衬衫,左前胸贴袋,略收腰身。前门襟七粒扣,弧形下摆,双层过肩,袖口处开宝剑头袖衩,收两个褶裥,装圆角袖头。后背中收褶裥一个,袖窿、下摆、领、袋、袖头均缉明线。如图 4-5 所示。

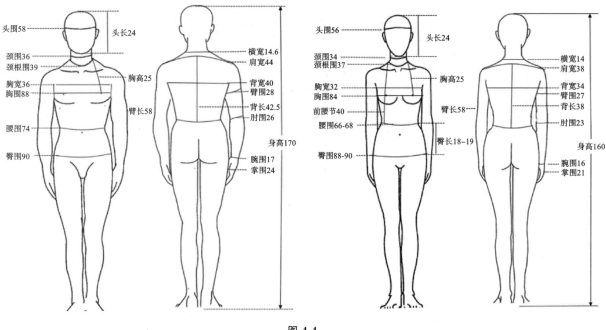

图 4-4

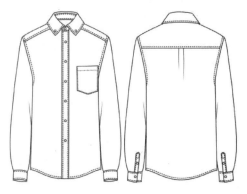 

图 4-5

（2）规格设计。

男衬衫规格设计如表 4-1 所示。

表 4-1　男衬衫规格设计表

（单位：cm）

号　　型	部　　位						
	衣长	胸围	肩宽	袖长	袖口（系扣）	领围	背长
170/88A	72	106	45.6	58.5	11.5	40	42.5

（3）结构制图。

步骤一：绘制基本框架图，如图 4-6 所示。

①做长度等于衣长的竖直线为前中线，在直线上参考图 4-4 的测量数据，定出袖窿深线和腰节线的位置。

②在袖窿深线上分别量取 $B/4$，作出前、后侧直线和后中线（前后侧直线稍拉开距离，避免前后结构图重叠），完成基本框架图绘制。

步骤二：绘制前后肩斜线。

①做 39 cm 大的基础领，后领宽 7.3 cm、深 2.5 cm，前领宽 7 cm、深 7.8 cm。

②在侧肩点分别做 15∶5、15∶4.5 的前后肩斜量，连接侧肩点至肩斜点，做出前后肩斜线（端点处稍加长方便画肩线），如图 4-7 所示。

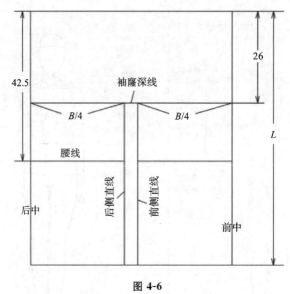

图 4-6

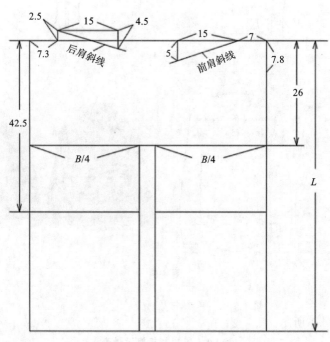

图 4-7

步骤三：绘制前后领围线、肩线、冲肩，如图 4-8 所示。

①前后领口开宽 0.2 cm（领围－基础领大/5），前领开深（0.2＋0.5）cm，画顺前后领弧线。

②取前小肩等于后小肩长，在前后肩端点处分别做前后中线的垂线，前垂线长 2 cm，后垂线长 1.5 cm，两垂线长分别为前后冲肩量（冲肩是指肩端点至胸宽和背宽的垂直距离，分前冲肩和后冲肩）。

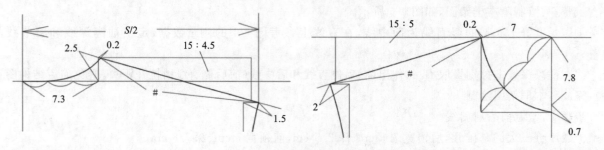

图 4-8

步骤四：绘制袖窿弧线、侧缝线、下摆线、前后中线，设计前后过肩的分割位置，加出后褶及门襟的搭门量，完成衣身结构制图，如图4-9所示。

①用圆顺的弧线连接前后袖窿弧线。

②前过肩宽3 cm，平行前小肩；后过肩后中宽8 cm，垂直后中线与袖窿弧线相交，袖窿处设计0.6 cm的袖窿省转移至分割线。

③后褶设计3 cm宽；搭门1.7 cm，下摆起翘5 cm，侧收腰1 cm。

④绘制前胸袋，加粗制成线，完成衣身结构制图。

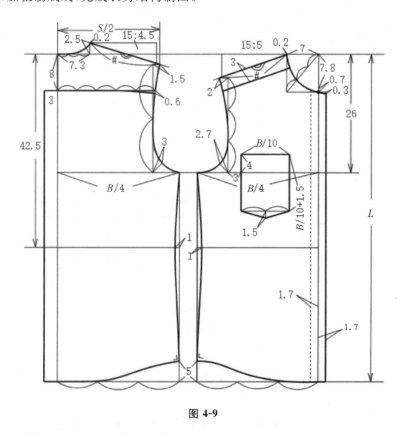

图 4-9

步骤五：绘制领子结构制图，如图4-10所示。

①设计领子后中宽7.5 cm，其中领座高3.2 cm，领面宽4.3 cm（一般领面比领座高1 cm左右），做出以N/2为长的基本框架图，并将长度分成四等份。

②领底线弧线连顺后延长1.7 cm的门襟宽量，领嘴按款式修成圆角，领面尖角长7 cm。

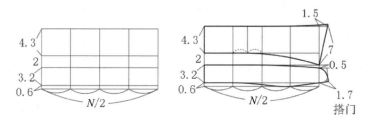

图 4-10

步骤六：绘制袖子结构制图，如图4-11所示。

①绘制长度等于袖长减袖克夫高，袖山高等于AH/6，前袖山斜线等于前AH－0.7 cm，后袖山斜线等于后AH－0.7 cm的袖子基本框架图。

②曲线连接各点，画出袖山弧线，注意袖山曲线长应略小于袖窿弧线长0.5～1 cm，因为袖子为袖压肩

结构,缉明线 0.8 cm。

③计算袖口大小,根据袖肥大小,计算出前后袖口位置,袖肥到袖口曲线连接,袖口处调整成直角。

④做出大小袖衩条,画出袖克夫,完成袖子结构制图。

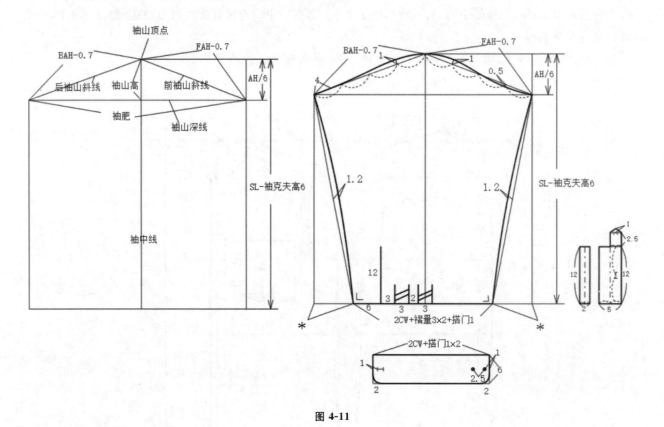

图 4-11

5. 制图说明

（1）男士正装衬衫一般用领围来表示规格,尺码有 38、39、40、41、42、43 等,表示领围的大小,以厘米为单位,领围一般加放 2 cm 的松量。

（2）袖窿深线的位置参考胸围线作图,在合体型服装中,袖窿深线可落在胸围线上,宽松结构中可在胸围线下酌情加量,本结构加大了 1 cm,袖窿深取 26 cm。

（3）男装基础领大采用 39 cm;前肩斜参考 19°,后肩斜参考 17°。为了方便制图,肩斜按比值处理,即前取 15∶5,对应 19°,后取 15∶4.5,对应 17°,基础领、肩结构如图 4-12 所示,图中前后领弧长相加等于 19.5 cm。

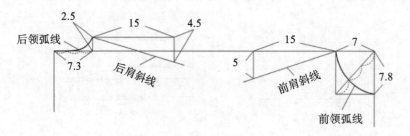

图 4-12

（4）领子变大的结构处理要在基础领大和基础肩斜线上进行,不宜直接取 N/5 进行制图,这样会造成肩斜线位置的高低变化,影响穿着效果。

（5）常见男衬衣领子变化及结构处理,如图 4-13 所示。

（6）常见的袖克夫变化及结构处理,如图 4-14 所示。

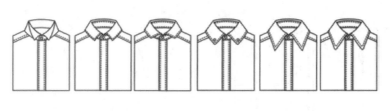
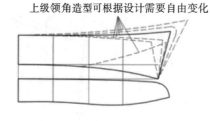

上级领角造型可根据设计需要自由变化

图 4-13

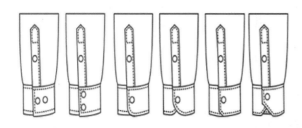
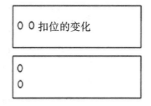

○ ○ 扣位的变化

○
○

圆角大小的变化

切角大小的变化

图 4-14

6.纸样制作

（1）面料的纸样:左右前衣片,左明襟,袖片,后衣片,过肩,上下领级,袖克夫,大小袖衩条,左胸袋。袖子装袖为内包缝,肩压袖,缉 0.8 cm 明线;袖底缝、侧缝为外包缝,前压后,缉 0.1 cm、0.5 cm 双明线,如图 4-15、图 4-16 所示。

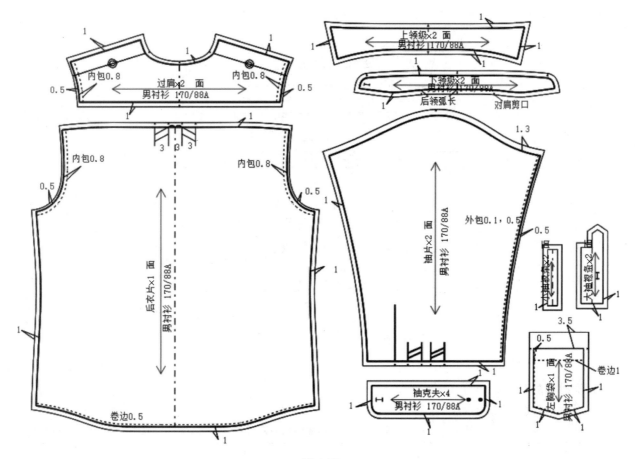

图 4-15

（2）衬料的纸样:上领级、下领级、袖克夫、明门襟净样衬,如图 4-17 所示。

（3）净纸样如图 4-18 所示。

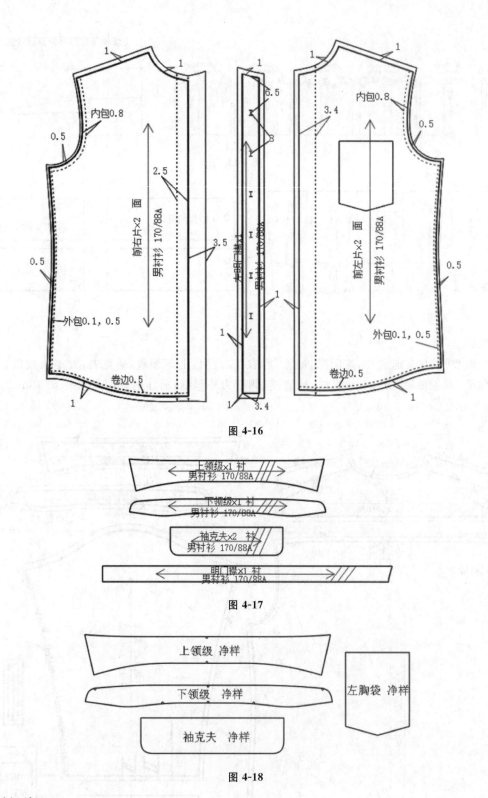

图 4-16

图 4-17

图 4-18

7. 男衬衫放码

（1）男衬衫放码规格系列如表 4-2 所示。

表 4-2　男衬衫放码规格系列　（单位:cm）

部　位	号　　型			档差
	165/84A	170/88A	175/92A	
衣长	70	72	74	2
胸围	106	110	114	4

部　位	号　型			
	165/84A	170/88A	175/92A	档差
肩宽	44	45	46	1
袖长	57	58.5	60	1.5
袖口宽	11	11.5	12	0.5
领围	39	40	41	1

（2）前衣片、后衣片、领子、袖子、袖头的放码如图 4-19 所示，袖衩可不放码。

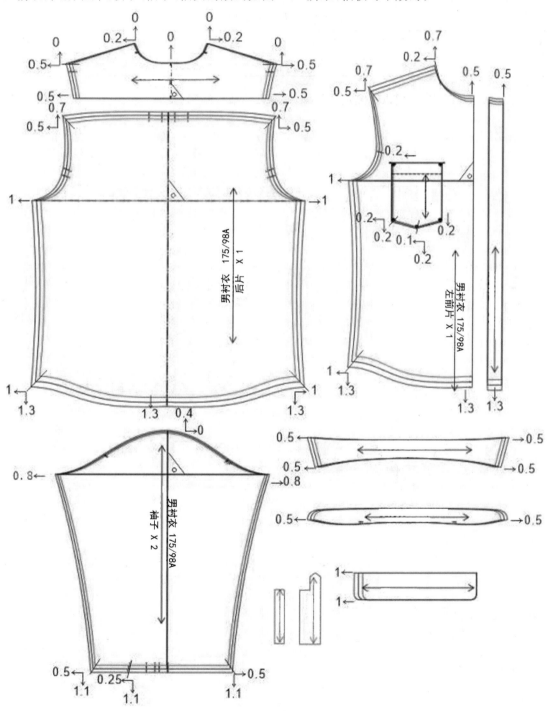

图 4-19

三、学习任务小结

通过本次任务的学习,同学们对男衬衫的结构制图方法以及放缝和放码的方法有了全面的了解。同学们在课后要多查阅资料,学习不同的制图方法,做到灵活运用。平时进行实操练习时,纸样制作要规范,要有缝制标记(刀眼、钻孔),布纹线标记应符合设计要求,说明文字要齐全(产品型号、规格、种类、数量、缝制要求等),达到企业管理要求。

四、课后作业

(1)测量真人男体尺寸,完成制作男衬衣所需要的尺寸数据(见表4-3)。

表 4-3　真人男体尺寸数据

衣长	胸围	肩宽	袖长	袖口宽	领围

(2)设计一款男士衬衣,根据以上测量的尺寸,完成1:5结构制图。

学习任务二　女衬衫结构制图

教学目标

(1) 专业能力:理解女衬衫结构制图的基本方法;能正确绘制女衬衫结构图并完成纸样制作。

(2) 社会能力:能读懂女衬衫款式图,并描述其款式特点,能依据款式要求设计合理的规格尺寸。能够灵活应用女衬衫结构制图方法完成女衬衫工业样板制作,能结合市场流行趋势进行女衬衫结构设计。

(3) 方法能力:能自主学习,归纳总结上衣纸样结构分析和设计要点。

学习目标

(1) 知识目标:认识女衬衫分类以及女衬衫款式特点。

(2) 技能目标:能准确描述女衬衫款式特征;能进行合理的规格尺寸设计及结构图绘制、纸样制作。

(3) 素质目标:养成严谨规范的服装结构制图理念,并能举一反三,与团队合作,能够理论联系实际,解决实际生产中衬衫制图问题。

教学建议

1. 教师活动

(1) 借助多媒体技术帮助学生理解女衬衫结构。

(2) 通过示范引导学生完成女衬衫 1:5、1:1 结构制图和纸样制作。

2. 学生活动

(1) 认识女衬衫款式特征;通过观看教师示范完成女衬衫基础款 1:5 及 1:1 结构图绘制以及 1:1 纸样制作。

(2) 学习女衬衫创意设计款式,完成女衬衫结构创意设计。

一、学习问题导入

女衬衫是女性上半身着装的重要组成类别,根据款式和穿着方式的不同,分为罩衫衬衫、束腰衬衫等。女衬衫的款式变化丰富多样,适用于休闲、职业、晚会等各种不同场合,深受女性的青睐。

二、学习任务讲解

(一)合体款女衬衫结构制图

1. 款式特征

经典款女衬衫,上下级衬衫领,前片有腋下省和腰省,前开襟 7 粒扣,后片收腰省,圆弧下摆,装袖,袖口开叉,装袖头 1 粒扣,如图 4-20 所示。

图 4-20

2. 规格设计

合体款女衬衫规格设计如表 4-4 所示。

表 4-4　合体款女衬衫规格设计表　　　　　　　　　　　　　　　　　(单位:cm)

号　型	部　位							
	前衣长	胸围	肩宽	摆围	袖长	领围	前腰节	袖口宽
160/84A	56	92	38	96	56	40	40	9.5

3. 结构制图

(1)绘制基本框架。

步骤一:画长度等于前衣长的竖直线(前中心线),在线上依次找出袖窿深线(参考标准胸高)和腰节线的位置,并在两位置处分别做前中线的垂线。

步骤二:在袖窿深线上从前中心线的位置依次量取 $B/4$(注意两宽度稍拉开,避免前后衣片重叠),并在宽度处分别做垂线与腰节线相交。

步骤三:按 $B/4$ 的前后宽度和前衣长,做出基本框架,如图 4-21 所示。

(2)后片结构制图。

步骤四:按基础领(后领宽 7 cm,前领宽 6.7 cm;后领深 2.3 cm,前领深 7.5 cm)找到侧肩点,分别做出前后肩斜线,前肩斜按 15∶6 的角度;后肩斜按 15∶5 的角度。

步骤五:前后领开宽 0.6 cm,前领深开深 1 cm,画顺前后领弧线,前后领弧长等于 $N/2$。

步骤六:取 $S/2$ 做出后肩宽;取冲肩量 1.8 cm 左右,垂线至袖窿深线,作为背宽线。

步骤七:画顺后袖窿弧线。

步骤八:在下摆线上定出摆围大,侧腰处收腰 2 cm,侧边抬高 6 cm,画顺后侧缝线。

步骤九:后中下摆抬高 1 cm,按款式图画顺后摆围线,注意与侧缝线成直角。

步骤十:做后腰省,制成线加粗,完成后衣片结构制图,如图 4-22 所示。

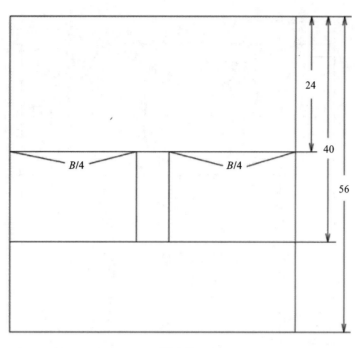

图 4-21

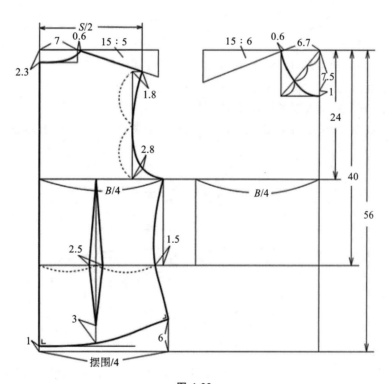

图 4-22

（3）前片结构制图。

步骤十一：画搭门宽＝1.5 cm，平行于前中线，同时将前领圈弧线画顺至搭门。

步骤十二：前袖窿深线胸围分界处上抬2.5 cm左右，做出基础胸省，省尖在BP点上。

步骤十三：前侧收腰2 cm，下摆上翘6 cm，画顺前侧缝线，画顺底摆线。

步骤十四：取前小肩等于后小肩，做2.3 cm冲肩量，画顺前袖窿弧线。

步骤十五：做前腰省，省宽2 cm，省中心线平行于前中心线，省尖距离胸围线3 cm，距离底摆4 cm。

步骤十六：前侧缝从袖窿深线处量取7 cm，连接到BP点，作为肋省的打开位；完成前片结构制图，如图4-23所示。

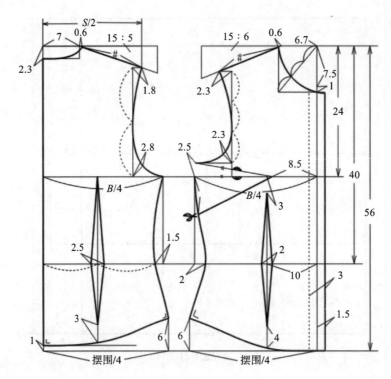

图 4-23

（4）领子结构制图。

步骤十七：绘制 2.5 cm 领座，领长 $N/2$，前领角起翘 1.3 cm。

步骤十八：修顺领底弧线，并延长 1.5 cm，画垂直领底的 2 cm 直线。

步骤十九：修顺前领圆角，画顺下领级领外口弧线。

步骤二十：后中抬高 2.3 cm 后取上领级后中宽 4 cm，前中领长 6 cm，做出上领级结构，完成领子结构制图，如图 4-24 所示。

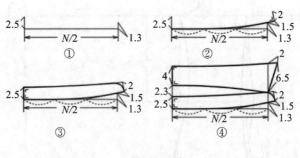

图 4-24

（5）袖子结构制图。

步骤二十一：定袖长 SL－克夫宽，袖山高 AH/3，袖肘位置；分别取前后袖窿弧长－0.5 cm，画出前后袖山斜线，将袖山深线与袖窿深线重合，复制前后袖窿弧线。

步骤二十二：前后袖山斜线四等分，在第一等分处做垂线长 1.5 cm 左右，用圆顺的弧线连接袖山各点，完成袖山弧线，注意袖山弧长与前后袖窿弧长差值在 1.5 cm 左右。

步骤二十三：设计袖口搭门量 1 cm，计算袖口位置，定出衩和褶的位置，完成袖口结构，并绘制前后袖缝，在肘线处稍凹进 1 cm。

步骤二十四：绘制开衩条和袖克夫结构，完成袖子结构制图，如图 4-25 所示。

4. 制图说明

（1）基础领：按 37 cm 的领围结构，后领横宽 7 cm，深 2.3 cm；前领横宽 6.7 cm，深 7.5 cm。本学习任务中所有女装结构的基础领都采用 37 cm 制图。

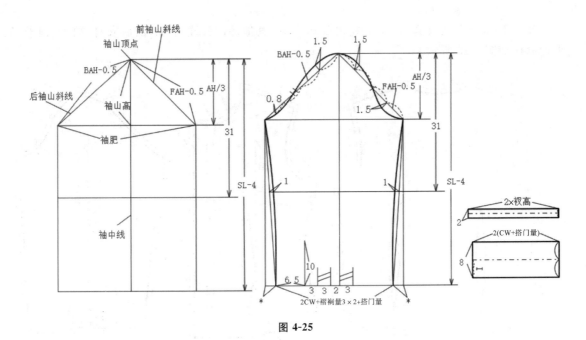

图 4-25

（2）袖窿深线位置：结合胸高 24 cm 左右，一般合体型女装，袖窿深线落在胸围线上。

（3）基础胸省：基础胸省是女装胸省转移的重要依据，通过胸省的合并转移，可以做出多种省结构。操作方法如图 4-26 所示。

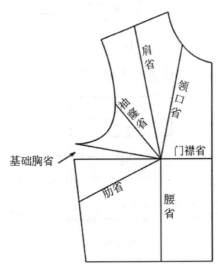

图 4-26

（4）袖子结构：袖山和袖肥是袖子结构的两个重要指标，制图的依据是袖窿弧长（AH），在相同的 AH 情况下，袖肥越大，袖山则越小，袖子呈宽松状，手臂活动大；反之袖肥越小，袖山越大，袖子呈合体状，手臂活动受限。

5. 纸样制作

肋省修正：合并基础胸省，转移至侧缝，修正肋省，省尖离开 BP 点 5 cm，如图 4-27 所示，

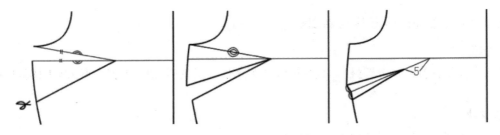

图 4-27

（1）面料纸样：衣身下摆放缝 1.5 cm，卷边缝 0.7 cm，其他部位放缝 1 cm；前后衣身，袖子、领子、袖衩、袖克夫纸样制作如图 4-28 所示。

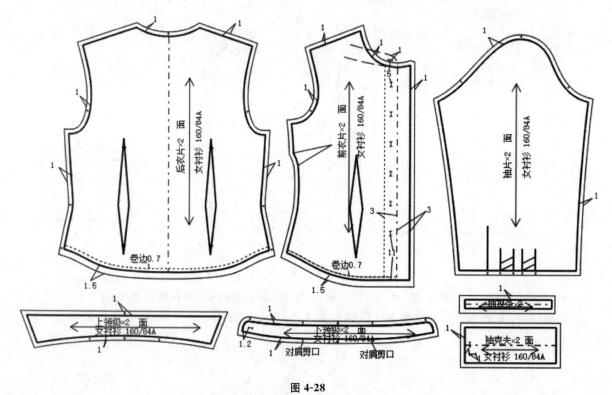

图 4-28

（2）衬料纸样：上下领级的领面、袖克夫粘净样衬，纸样如图 4-29 所示。

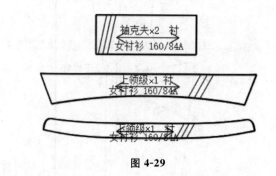

图 4-29

（3）净纸样如图 4-30 所示。

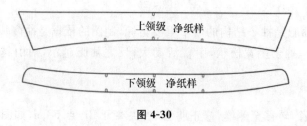

图 4-30

（二）蝴蝶结领宽松女衬衫结构制图

1. 款式特征

蝴蝶结领直筒型女衬衫，衣身宽松，无省，蝴蝶结领座是三层叠领，袖口开叉 2 粒扣，下摆呈圆弧摆，如图 4-31 所示。

2. 规格设计

蝴蝶结领宽松女衬衫规格设计如表 4-5 所示。

图 4-31

表 4-5　蝴蝶结领宽松女衬衫规格设计表　　　　　　　（单位:cm）

号　型	部　位							
	前衣长	胸围	肩宽	摆围	袖长	领围	前腰节	袖口宽
160/84A	63	98	38	102	58	42	40	9.5

3. 结构制图

结构制图如图 4-32 所示。

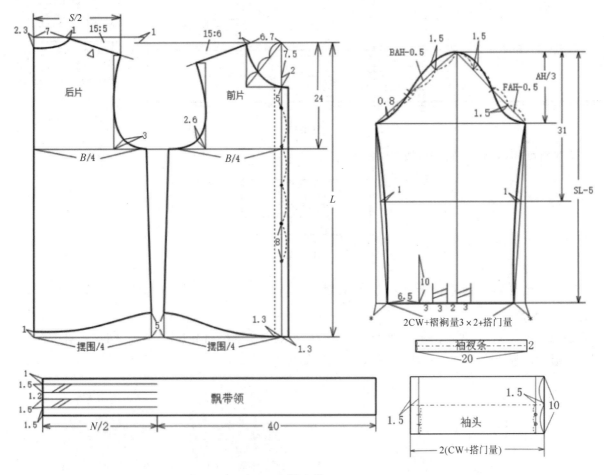

图 4-32

4. 制图说明

（1）雪纺布料的宽松板,在合体衬衫及人工基础上,前片上平线下降 1 cm,考虑飘带领较重,着装后会拉扯衣身前移,适当增加后长量。

（2）暗门襟,第一粒纽扣位在领底座上,第 2 粒纽扣由领口深线下落 5 cm,最后一粒纽扣位在腰围线向下 8 cm,其他纽扣位置 4 等分。

（3）飘带领结构：领子 1/2 长度＝领围/2＋40 cm,宽度＝1.5×2＋1.2×2＋1＋3.7＝10.1(cm)。第 1 条边宽 1.5 cm,褶量 1.5 cm,第 2 条边宽 1.2 cm,褶量 1.2 cm,第 3 条边宽 1 cm。

5. 纸样制作

（1）面料纸样如图 4-33 所示,右前衣片暗门襟连裁,左右前衣片共用一个纸样。

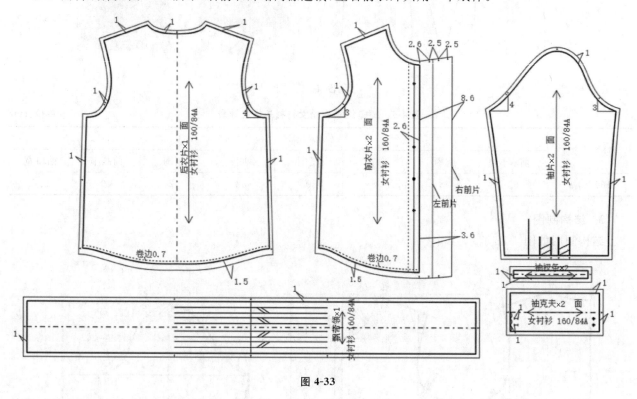

图 4-33

（2）衬料纸样：袖克夫净样衬,如图 4-34 所示。

图 4-34

（三）荷叶边落肩袖宽松女衬衫结构制图

1. 款式特征

宽松 A 字型女衬衫,圆领,前中 6 粒扣,圆弧下摆,前衣身胸部纵向分割,后身有飞机头,后中有一个工字褶。肩荷叶边装饰袖,袖口大小袖衩,袖头 2 粒扣,如图 4-35 所示。

图 4-35

2. 规格设计

荷叶边落肩袖宽松女衬衫规格设计如表 4-6 所示。

表 4-6　荷叶边落肩袖宽松女衬衫规格设计表　　　　　　　（单位:cm）

号　　型	部　　位					
	后中衣长	胸围	下摆围	肩宽（落肩）	袖口宽	袖长
160/84A	66	100	116	38（6）	10.5	51

3. 结构制图

结构制图如图 4-36 和图 4-37 所示。

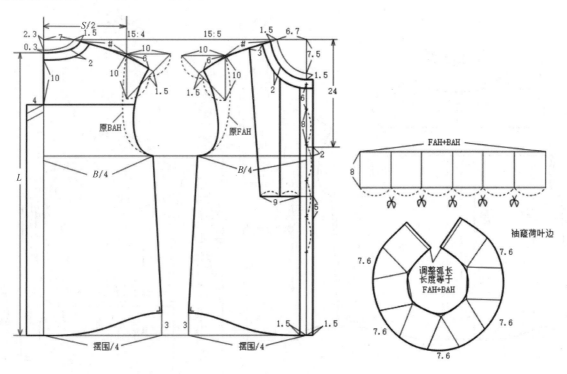

图 4-36

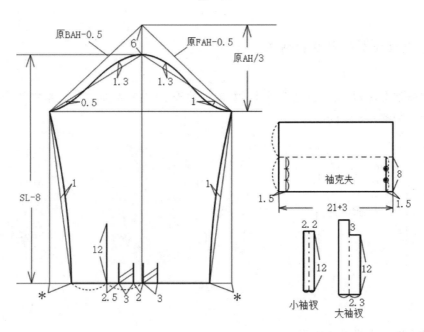

图 4-37

4．制图说明

（1）落肩袖结构处理：前肩斜调整为 15∶5，修顺前后肩线。

（2）后领深加深 0.2 cm，后领宽加宽 1.5 cm，修顺新后领围弧线，后领缘宽度 1.5 cm。后片正中有一个 8 cm 宽的内工字褶，无腰省，侧缝起翘 3 cm，修顺侧缝和底摆线。

（3）前领深加深 1.5 cm，前领宽加宽 1.5 cm，修顺新前领围弧线，前领缘宽度 1.5 cm。前片侧缝省合并，转省至肩省，修顺育克线，前育克褶宽 2 cm。无腰省，侧缝起翘 3 cm，修顺侧缝和底摆线。

5．纸样制作

纸样制作如图 4-38 所示。

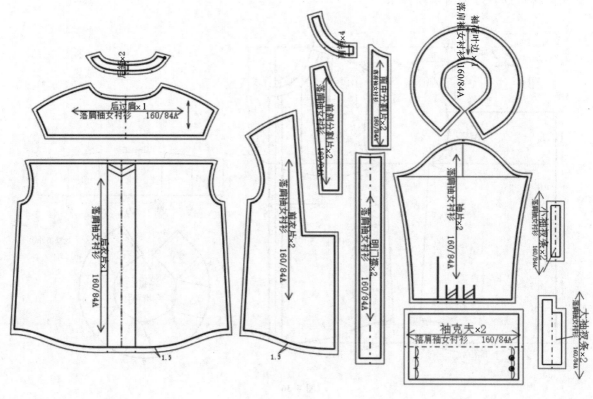

图 4-38

（四）坦领泡泡短袖女衬衫结构制图

1．款式特征

坦领抽褶泡泡短袖女衬衫，其特点是 V 形坦领，前中抽碎褶，左右前身用 6 粒搭扣固定，直下摆，泡泡短袖，袖口装条状袖头，如图 4-39 所示。

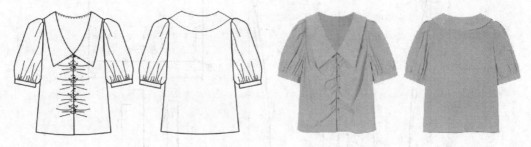

图 4-39

2．规格设计

坦领泡泡短袖女衬衫规格设计如表 4-7 所示。

表 4-7　坦领泡泡短袖女衬衫规格设计表　　　　　　（单位:cm）

号　型	部　位					
	衣长	胸围	下摆围	肩宽	袖口宽	袖长
160/84A	54	96	110	34	15	31

3. 结构制图

结构制图如图 4-40～图 4-42 所示。

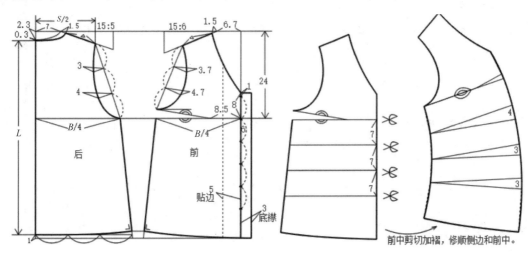

图 4-40

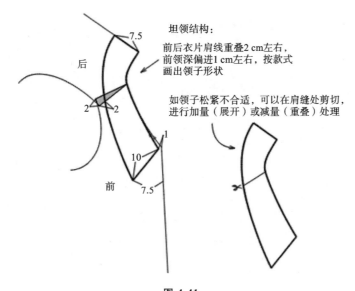

坦领结构:

前后衣片肩线重叠 2 cm 左右,
前领深偏进 1 cm 左右, 按款式
画出领子形状

如领子松紧不合适, 可以在肩缝处剪切,
进行加量(展开)或减量(重叠)处理

图 4-41

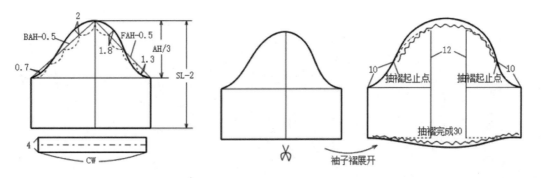

图 4-42

4. 纸样制作

面料纸样如图 4-43 所示，衣身下摆放缝 2 cm，其他部位放缝 1 cm。

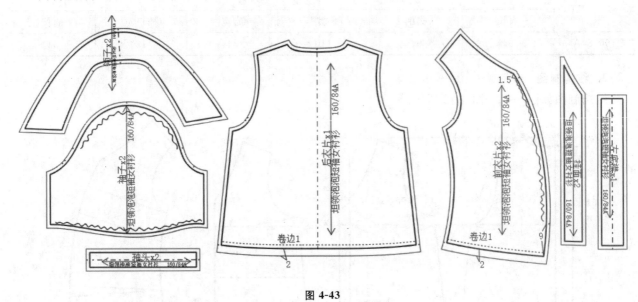

图 4-43

三、学习任务小结

（1）基础款衬衫结构制图，基础领、基础胸省。

（2）胸省转移。

（3）变化衣身、变化领子、变化袖子等结构制图方法。

四、课后作业

完成本学习任务中合体女衬衫的 1:5、1:1 结构制图。

学习任务三　连衣裙结构制图

教学目标

（1）专业能力：理解连衣裙结构制图的基本方法；能正确绘制连衣裙结构图及制作纸样。

（2）社会能力：能读懂连衣裙款式图，并描述其款式特点；能够灵活应用连衣裙结构制图方法完成连衣裙工业样板制作，能进行连衣裙结构设计。

（3）方法能力：自主学习能力、结构图绘制能力、纸样制作能力。

学习目标

（1）知识目标：认识连衣裙分类以及连衣裙款式特点。

（2）技能目标：能准确描述连衣裙款式特征；能进行连衣裙规格尺寸设计及结构图绘制和纸样制作。

（3）素质目标：具备团队合作精神，能够理论联系实际，解决实际生产中的制图问题。

教学建议

1. 教师活动

（1）借助多媒体技术帮助学生理解连衣裙结构。

（2）通过示范引导学生完成连衣裙 1∶5、1∶1 结构制图和纸样制作。

（3）将思政教育融入课堂教学，引导学生发掘传统手工艺人的工匠精神，并应用到自己的款式设计中，优化版型结构设计。

2. 学生活动

（1）认识连衣裙款式特征。

（2）通过观看教师示范完成连衣裙基础款 1∶5 及 1∶1 结构图绘制，以及 1∶1 纸样制作。

（3）学习连衣裙创意设计款式，完成连衣裙结构创意设计。

一、学习问题导入

连衣裙是衣身与裙身拼接在一起的服装,款式上有直筒型、A 字型、T 型、鱼尾型等。裙片与上衣身在腰部的连接方式有连身式和拼接式两种,分别称为连腰节连衣裙和断腰节连衣裙。连衣裙是一种风格多样、形态多变的服装类别,可四季穿用,深受女性的喜爱。

二、学习任务讲解

（一）断腰节连衣裙结构制图

1. 款式分析

V 领 A 型中长款短袖连衣裙,收腰,衣身与裙身腰节处接缝,前衣身腰节处斜向分割,前开襟单排 5 粒扣,泡泡短袖,如图 4-44 所示。

图 4-44

2. 规格设计

断腰节连衣裙规格设计如表 4-8 所示。

表 4-8　断腰节连衣裙规格设计表　　　　　　　　　　　　　　　　　　　（单位:cm）

号　　型	部　位						
	裙长	胸围	腰围	肩宽	下摆围	袖长	袖口宽
160/84A	105	90	74	35	180	26	14

3. 结构制图

结构制图如图 4-45～图 4-48 所示。

4. 制图说明

（1）肩宽设计:泡泡袖结构中,肩宽设计一般要比人体正常肩宽小,以便泡泡造型更立体丰满。

（2）泡泡袖的褶:泡泡袖的袖山褶有碎褶和倒褶两种形式,本款结构是倒褶,袖山褶裥的加放要注意褶山的处理。

（3）裙下摆的展开:为了裙摆造型更自然,摆量的增加不能直接在侧边增加,应更均匀地增加到整个下摆中。

（4）搭门宽度设计:因为前门襟开口,为了防止走光,重叠量较多,因此设计 5 cm。

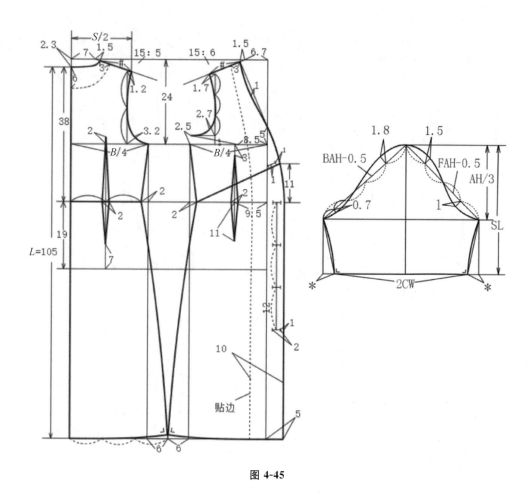

图 4-45

前后裙片摆展开

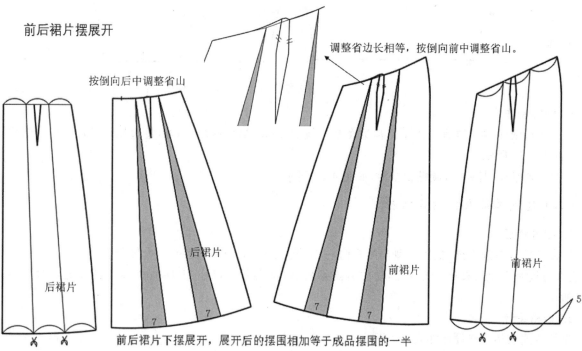

图 4-46

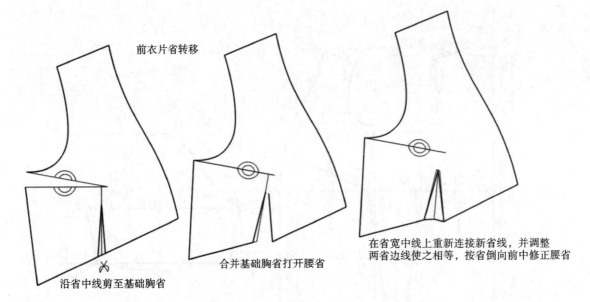

前衣片省转移

沿省中线剪至基础胸省

合并基础胸省打开腰省

在省宽中线上重新连接新省线，并调整
两省边线使之相等，按省倒向前中修正腰省

图 4-47

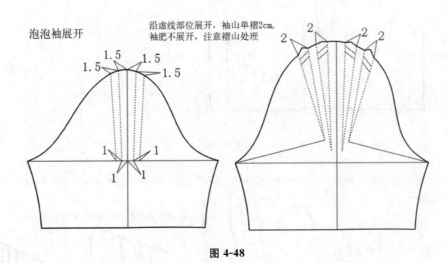

泡泡袖展开

沿虚线部位展开，袖山单褶2cm，
袖肥不展开，注意褶山处理

图 4-48

5. 纸样制作

(1)面料纸样:裙摆放缝 2.5 cm,褶边车缝明线宽 2 cm,袖口放缝 3 cm,卷边压线 2 cm,其他部位放缝 1 cm,如图 4-49 所示。

(2)衬料纸样:挂面、后领贴粘全衬,如图 4-50 所示。

(二)连腰节连衣裙结构制图

1. 款式特征

连腰型后开衩连衣裙,整体造型合体简约,一字领,无袖,前身左右各有一个侧腰省,腰节以上侧边无破缝,前衣身连腋下至后衣身刀背缝处,后中缝隐形拉链,下摆开衩,后衣身腰省连接至袖窿处,配里裙,如图 4-51 所示。

2. 规格设计

连腰节连衣裙规格设计如表 4-9 所示。

表 4-9　连腰节连衣裙规格设计表　　　　　　　　　　　　　　　　　(单位:cm)

号　　型	部　　位				
	后中裙长	胸围	腰围	臀围	肩宽
160/84A	95	90	72	94	38

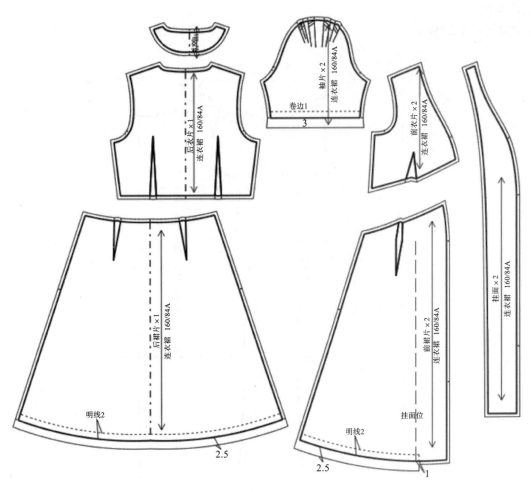

图 4-49

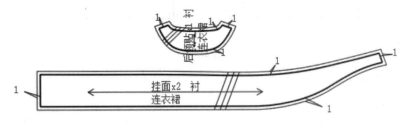

图 4-50

图 4-51

3. 结构制图

结构制图如图 4-52 所示。

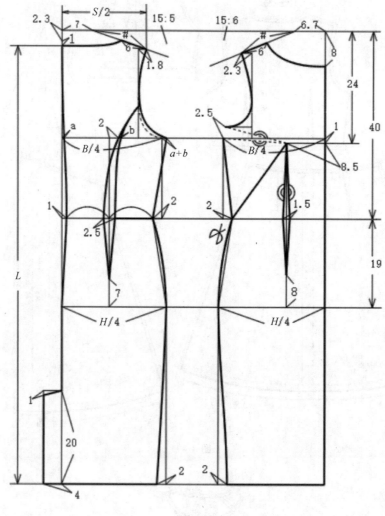

图 4-52

前衣身省转移,如图 4-53 所示。

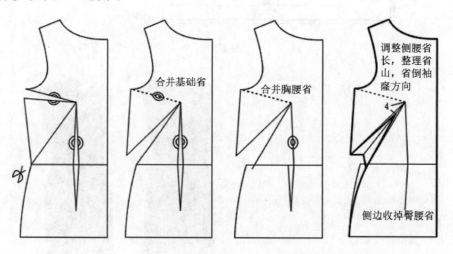

图 4-53

前衣身与后侧片合并,如图 4-54 所示。

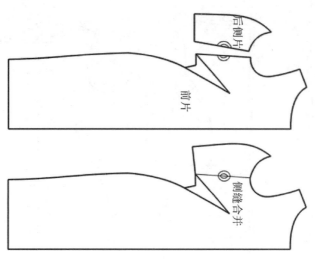

图 4-54

4．制图说明

（1）无袖结构，为了腋下部位不裸露太多，袖窿深在正常胸高处稍抬高了 1 cm。

（2）一字领结构：前后领横开宽到需要的量，前领深可稍开深，或不变，后领深随领开宽而变化，以画顺为准。

（3）前腰节 40 cm，可由相关公式求得，也可参考图 4-4 的标准体人体测量数据。

5．纸样制作

（1）面料纸样，如图 4-55 所示。

（2）里料纸样，如图 4-56 所示。

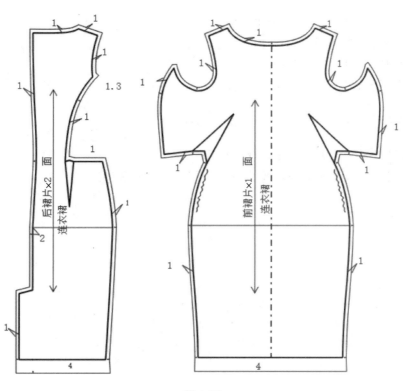

图 4-55

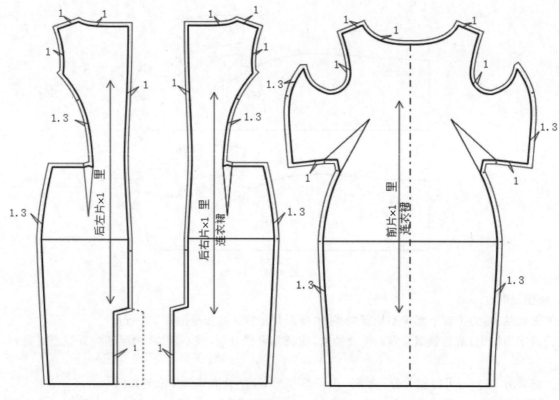

图 4-56

三、学习任务小结

（1）断腰节连衣裙结构制图：上衣＋短裙结构。

（2）连腰节连衣裙结构制图：长衬衫结构。

（3）基础胸省的转移应用。

（4）无领口结构处理方法。

四、课后作业

（1）完成本学习任务中连衣裙 1:5 及 1:1 结构制图。

（2）分组完成 2 款连衣裙的款式设计及结构制图，并进行展示和讲演。

学习任务四　旗袍结构制图

教学目标

（1）专业能力：理解旗袍结构制图的基本方法；能正确绘制旗袍结构图及制作纸样。

（2）社会能力：能读懂旗袍款式图，并描述其款式特点，能依据款式要求设计合理的规格尺寸；能够灵活应用旗袍结构制图方法完成旗袍工业样板制作。

（3）方法能力：自主学习能力，纸样结构绘制能力。

学习目标

（1）知识目标：认识旗袍分类以及旗袍款式特点。

（2）技能目标：能准确描述旗袍款式特征；能进行合理的规格尺寸设计及结构图绘制、纸样制作。

（3）素质目标：养成严谨规范的服装结构制图理念，能进行团队合作，能够理论联系实际，解决实际生产中旗袍制图问题。

教学建议

1. 教师活动

（1）运用各种教学方法和手段，活跃课堂气氛，充分调动学生的学习积极性；前期收集时尚旗袍设计作品，让学生感受并了解时尚旗袍的设计方法。

（2）通过示范引导学生完成旗袍1∶5、1∶1结构制图和纸样制作。

2. 学生活动

（1）认识旗袍款式特征。

（2）通过教师指导完成旗袍基础款1∶5、1∶1结构制图，以及1∶1纸样制作。

一、学习问题导入

旗袍是中国服饰文化中最具特色的形式之一,常见于右衽、开襟或半开襟形式,立领盘扣、侧开衩。近代改良旗袍更为合体,结构上采用了省道、装袖等设计,凸显端庄大方的女性美,同时也紧跟时尚潮流,成了女性服装中经久不衰的经典款式。

二、学习任务讲解

(一)旗袍的分类

1. 按领型分类

常见的领型有无领、立领、凤仙领、企领、马蹄领、水滴领等,如图 4-57 和图 4-58 所示。

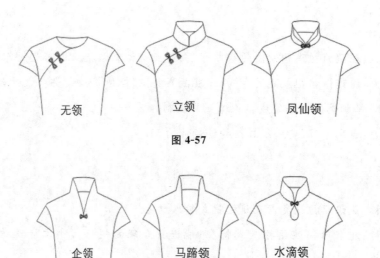

图 4-57

图 4-58

2. 按前开襟分类

旗袍的前开襟方式有无襟、斜襟、偏襟、琵琶襟、直襟、双圆襟等,如图 4-59 所示。

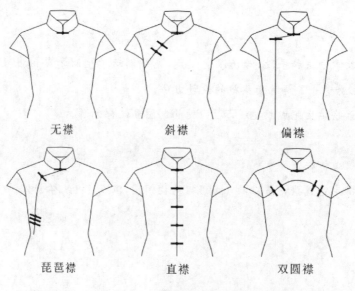

图 4-59

另外,旗袍还可按衣服长短、面料材质、开衩长短等进行分类。

（二）斜襟盘扣短袖旗袍结构制图

1. 款式特征

斜圆襟小盖袖旗袍，圆角立领，右襟钉 2 对盘扣，领口处钉一对盘扣，两侧开衩，领缘、襟、袖口、袖窿、侧开衩处撞色滚边，后中分割，装隐形拉链至领后中，如图 4-60 所示。

图 4-60

2. 规格设计

斜襟盘扣短袖旗袍规格设计如表 4-10 所示。

表 4-10　斜襟盘扣短袖旗袍规格设计表　　　　　　　　　　　　　　　　（单位：cm）

号　　型	部　　位						
	裙长	胸围	腰围	臀围	领围	肩宽	袖长
160/84A	120	88	72	94	39	38	10

注：胸围松量 4～6 cm，腰围松量 3～5 cm，臀围松量 5～7 cm，领围松量 2 cm。

3. 结构制图

结构制图如图 4-61 和图 4-62 所示。

4. 制图说明

（1）旗袍结构制图参考连衣裙结构处理。

（2）盖袖结构：先绘制出合体袖袖山结构，然后确定袖长及袖口，标出对合位置。

（3）斜襟结构：先转省画出肋省，再分割处理。

5. 纸样制作

（1）面料纸样：注意滚边部位不放缝，小襟与大身拼接位置放缝 3 cm，下摆放缝 2 cm，如图 4-63 所示。

（2）里料纸样，如图 4-64 所示。

三、学习任务小结

（1）转省合并。

（2）立领结构。

（3）小盖袖结构。

（4）斜襟处理方法。

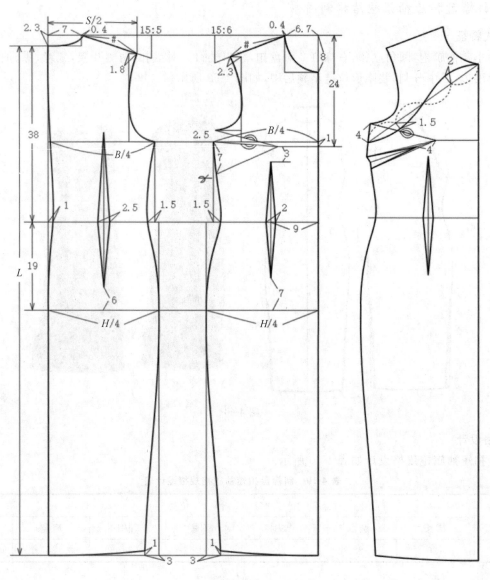

图 4-61

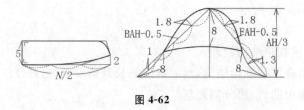

图 4-62

（5）旗袍放缝方法。

四、课后作业

（1）完成本学习任务中旗袍 1:5 及 1:1 结构制图。

（2）分析立领修身荷叶边夏季改良旗袍款式特征，如图 4-65 所示，结合规格尺寸完成 1:5 结构制图。

要求：

（1）配里裙，里、面裙下摆不封口。

（2）规格设计参考表 4-11。

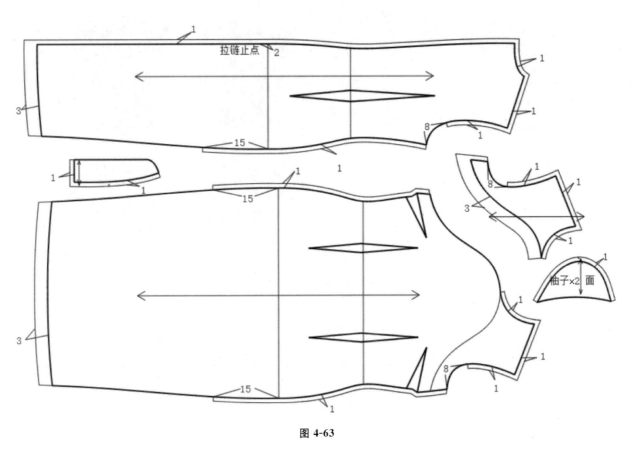

拉链止点

袖子×2 面

图 4-63

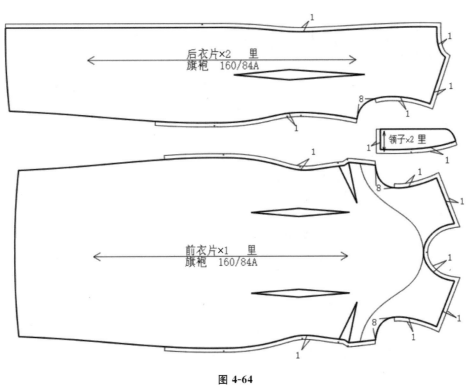

后衣片×2 里
旗袍 160/84A

领子×2 里

前衣片×1 里
旗袍 160/84A

图 4-64

图 4-65

表 4-11　规格设计参考表 　　　　　　　　　　　　　　　　　　　（单位：cm）

号　　型	部　　位				
	裙长	胸围	腰围	臀围	肩宽
160/84A	92	90	74	98	34

项目五　夹克衫结构制图

学习任务一　女夹克衫结构制图

学习任务二　男夹克衫结构制图

学习任务一　女夹克衫结构制图

教学目标

（1）专业能力：认识夹克衫分类；能正确绘制女夹克衫1:5及1:1结构图，完成1:1纸样制作。

（2）社会能力：能读懂女夹克衫的款式图，并描述其款式特点，能依据款式要求设计合理的规格尺寸；能够灵活应用夹克衫结构制图方法完成夹克衫工业样板制作。

（3）方法能力：自觉主动地学习，归纳总结夹克衫结构制图方法及要点。

学习目标

（1）知识目标：认识夹克衫的分类、结构及款式特点。

（2）技能目标：能准确描述夹克衫款式特征；测量人体尺寸并进行合理的规格尺寸设计；能完成女夹克衫结构图绘制、纸样制作。

（3）素质目标：养成严谨规范的服装结构制图理念，能够理论联系实际，解决实际生产中夹克衫制图问题。

教学建议

1. 教师活动

（1）借助多媒体技术，以样衣、图片、人台展示等形式帮助学生理解夹克衫的分类和结构。

（2）通过示范引导学生完成女夹克衫1:5、1:1结构制图，以及1:1女夹克衫纸样制作。

2. 学生活动

（1）观察夹克衫样衣、图片及教学人台，认识夹克衫款式特征。

（2）两两分组完成人体测量，设计夹克衫制图规格尺寸。

（3）通过观看教师示范完成女夹克衫1:5及1:1结构制图以及1:1纸样制作。

一、学习问题导入

夹克是英语"Jacket"的音译,指衣长较短、胸围宽松、紧袖口克夫、紧下摆克夫式样的上衣。它是男女都能穿的短上衣的总称。夹克衫是现代生活中最常见的一种服装,由于它造型轻便、活泼、富有朝气,深受广大青少年所喜爱。

二、学习任务讲解

(一) 夹克衫的分类

夹克衫按使用功能,大致可分为工装夹克、商务夹克等。其款式、色彩、面料等多种多样,如图 5-1 所示。

工装夹克　　　　商务夹克　　　　棒球夹克　　　　飞行员夹克

图 5-1

(二) 夹克衫结构

夹克衫款式变化较多,在结构上主要有以下种类。

(1) 门襟:主要有拉链式、暗扣式和普通搭门式等,如图 5-2 所示。

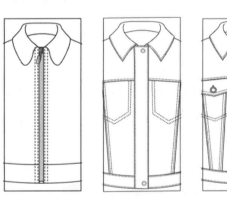

图 5-2

(2) 下摆和袖口:下摆和袖口常采用螺纹口或装橡皮筋(松紧带)收紧,也可在登闩两侧及袖口上加上收缩裥,如图 5-3 所示。

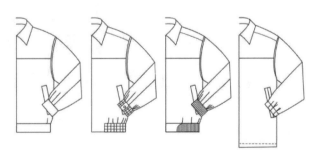

图 5-3

（3）袖子：采用落肩或平装袖结构，袖山较平；有短袖、长袖及各种花式袖，如图5-4所示。

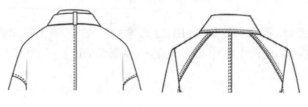

图 5-4

（4）领型：有无领、立领、翻驳领及两用领等，如图5-5所示。

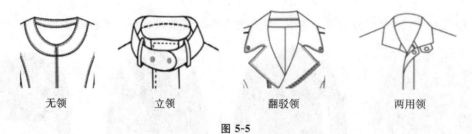

无领　　　　　立领　　　　　翻驳领　　　　　两用领

图 5-5

（5）口袋：有插袋、贴袋、开袋、嵌袋、拉链袋、立体袋等，如图5-6所示。

斜插袋　　　　隐形插袋　　　　贴袋　　　　拉链式挖袋

图 5-6

（6）衣片：结构上常运用不同类型的分割和组合，在工艺上可用缉线、缉裥、配色、镶嵌、绣花、铆钉等装饰，还可做成单面半夹、单面全夹、双面全夹等，使款式更富有变化。

（三）女机车夹克衫结构制图

1. 款式特征

女机车夹克衫，合体型，翻驳领，斜门襟装拉链，下摆装登闩，前后肩部有育克分割，前衣片有弧线分割，双侧开双嵌线，口袋装拉链，后中分割。两片袖，袖口装拉链。小袖袖肘处有分割线设计，如图5-7所示。

图 5-7

2. 规格设计

女机车夹克衫规格设计如表5-1所示。

表 5-1　女机车夹克衫规格设计表　　　　　　　　　　　　　　（单位：cm）

号　　　型	部　　位							
	衣长	肩宽	胸围	领围	袖长	袖口宽	腰围	口袋
160/84A	52	39	92	39	58.5	12.5	80	14.5

注：胸围松量为 8 cm；腰围松量为 12 cm。

3. 结构制图

结构制图如图 5-8～图 5-10 所示。

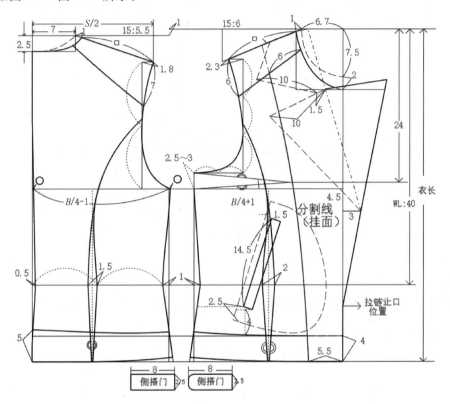

图 5-8

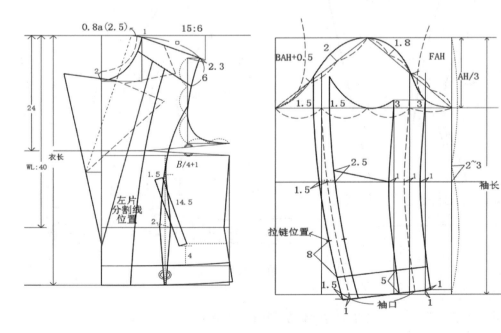

图 5-9

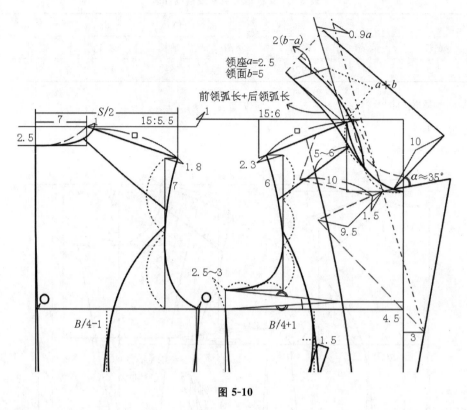

领座a=2.5
领面b=5

前领弧长+后领弧长

图 5-10

4. 纸样制作

（1）省道处理。

前侧片与前中片胸省进行省道合并，合并后修顺弧线；前后脚口进行省道合并，合并后修顺分割线，操作步骤如图 5-11 所示。

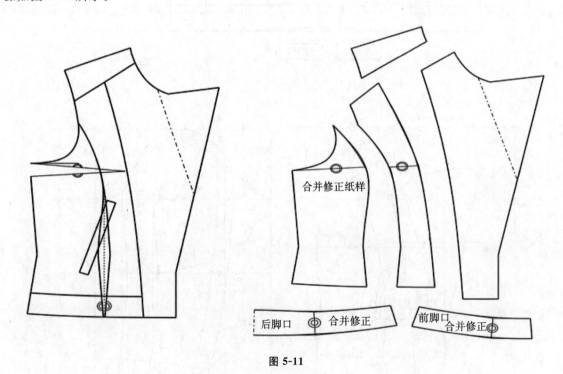

合并修正纸样

后脚口　合并修正　　前脚口　合并修正

图 5-11

（2）上下级领处理。

分割线处上下各折叠 0.1 cm 左右，修顺弧线，如图 5-12 所示。

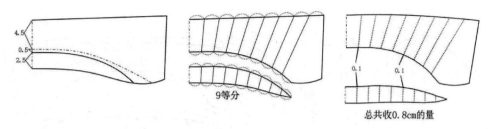

図 5-12

（3）面布纸样。

面布纸样有：前衣片、前中片、前侧片、前肩育克、后中片、后侧片、后肩育克、前脚口、后脚口、挂面、大袖、小袖上、小袖下、袋嵌条、垫袋布、领面、领座、脚口侧搭门，如图 5-13～图 5-15 所示。参考车缝工艺要求，女士皮夹克由于下摆面料是双层，所以全部放缝 1 cm。

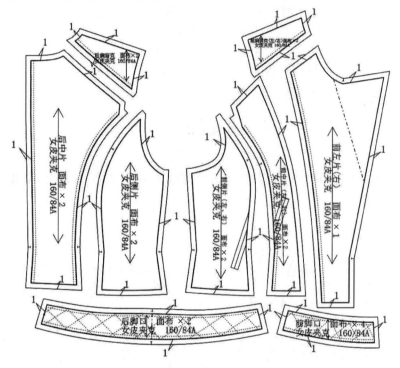

图 5-13

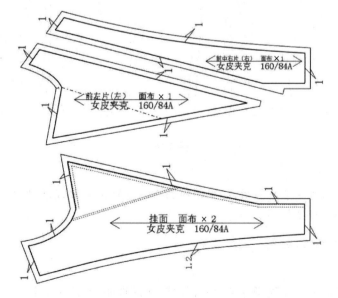

图 5-14

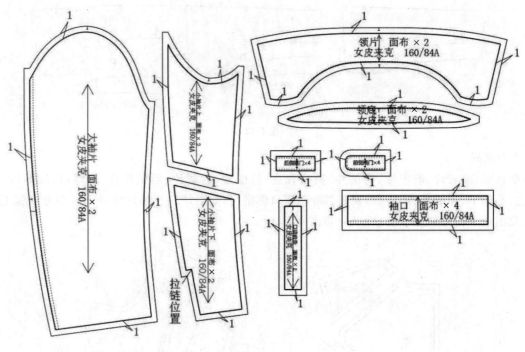

图 5-15

（4）里布纸样。

里布纸样有：前侧布、后片、口袋布。后片里布后中放出 2 cm 的褶量，做腰省；前片里布不分割，收腋下省和腰省，如图 5-16 所示。

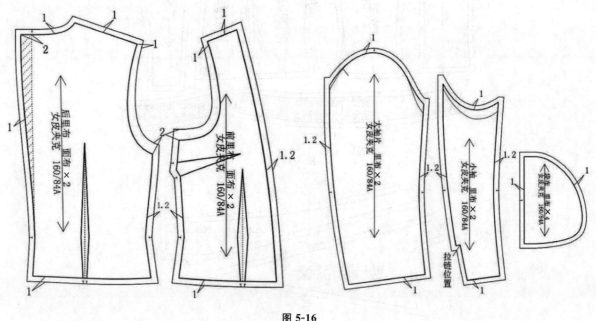

图 5-16

（5）衬布纸样。

本款夹克因用料的特殊性一般不做衬，如果用料为 PU 皮则可采取局部做衬，领面、条、下摆、领底可加一层针棉做固定用。针棉示意图如图 5-17 所示。

（四）女休闲夹克衫结构制图

1. 款式特征

女立领落肩夹克衫，宽松型；宽松型立领，外有领祥，活动性暗扣；前中装拉链，外部搭门暗扣；下摆装登

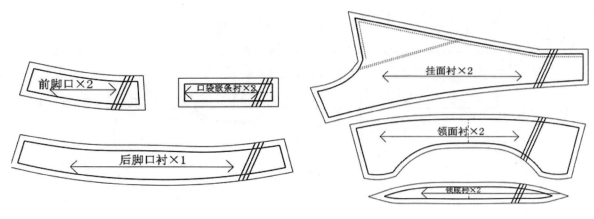

图 5-17

闩,前后肩部有袖衿,前衣片两侧各装一个有袋盖的风琴袋;后中分割下摆收褶;袖子前后分割线,袖口有袖衿,如图 5-18 所示。

图 5-18

2. 规格设计

女休闲夹克衫规格设计如表 5-2 所示。

表 5-2 女休闲夹克衫规格设计表　　　　　　　　　　　　　　(单位:cm)

号　　型	部　　位							
	衣长	肩宽	胸围	领围	袖长	袖口宽	口袋	领高
160/84A	52	39	116	42	56	30	16×14	5

注:胸围松量为 32 cm。

3. 结构制图

结构制图如图 5-19 和图 5-20 所示。

4. 纸样制作

(1) 后片褶皱处理。

款式要求后片腰口有抽褶,在原结构图上,后片按四等分线分别展开,加入褶量,褶量可按腰线的一半即△/3,依次展开,修顺下摆线和肩线,使得肩线 b 等于原结构图后小肩长;最后绘制出后领贴的位置,操作步骤如图 5-21 所示。

(2) 面布纸样。

面布纸样有:前衣片、前脚口、搭门、领片、领衿、后中片、后侧片、后肩育克、前脚口、后脚口、挂面、后领贴、后片、后脚口、袖左片、袖中片、袖右片、袖衿、肩衿、袋盖袋布、风琴袋侧条,以及袖耳仔、肩耳仔、领耳仔。参考车缝工艺要求,女休闲夹克的风琴袋口放缝 2 cm,袖口放缝 2 cm,其余各部位放缝 1 cm。具体数据如图 5-22~图 5-24 所示。

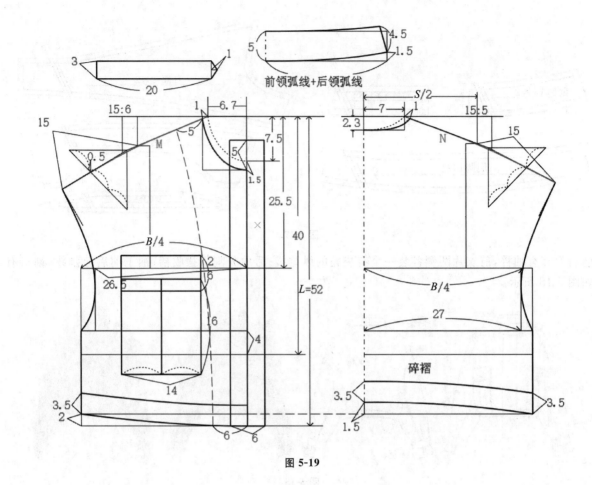

图 5-19

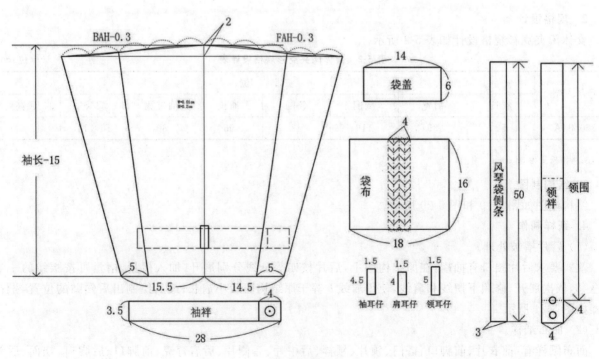

图 5-20

修顺，使b=原后小肩长

修顺

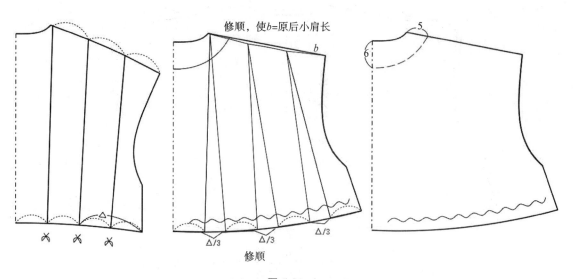

图 5-21

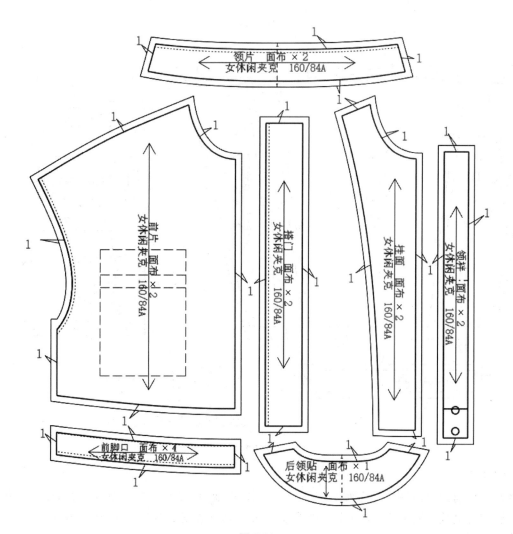

图 5-22

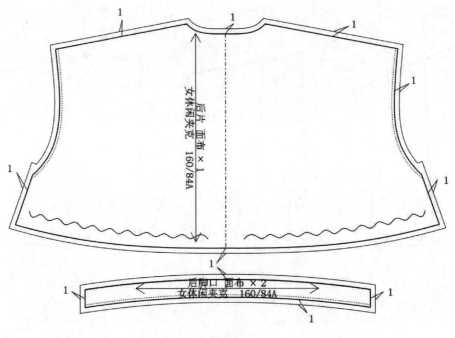

图 5-23

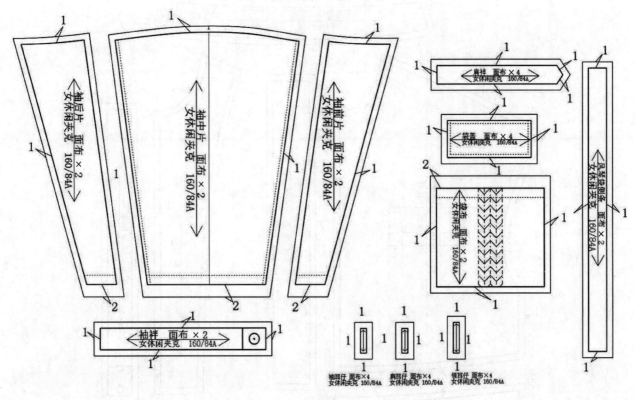

图 5-24

（3）里布纸样。

里布纸样有：前侧片、后中片、后侧片、后脚口、大袖、小袖、口袋布。参考车缝工艺要求，女休闲夹克的里布袖侧缝、衣身侧缝放缝 1.2 cm，其余部位放缝 1 cm。具体数据如图 5-25 和图 5-26 所示。

（4）衬布纸样。

衬布纸样包括领片衬（布衬）、领袢衬（纸衬）、袋盖衬（布衬）、肩袢衬（纸衬）、前脚口衬（布衬）、后脚口衬（布衬）、袖袢衬（纸衬），如图 5-27 所示。

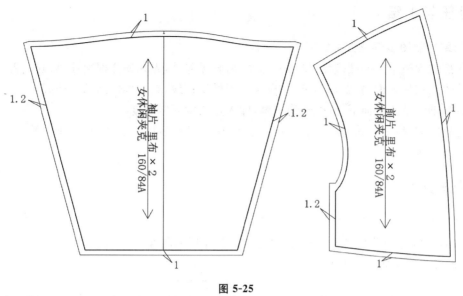

图 5-25

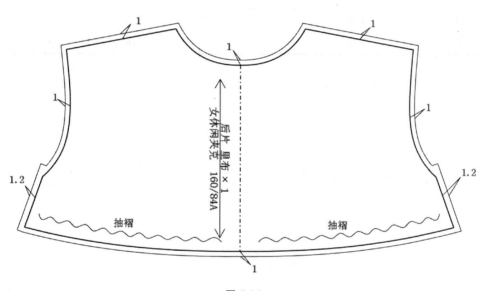

图 5-26

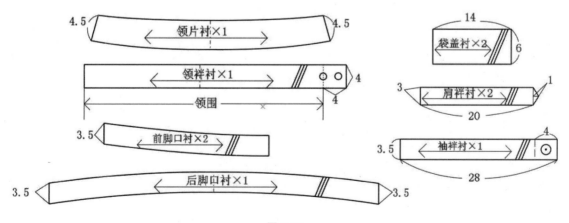

图 5-27

三、学习任务小结

女夹克衫的结构制图步骤及方法如下。

（1）注意各部位规格尺寸的准确性，先画主部件，后画零部件，先画外部框架线，后画内部结构线。

（2）对于具体的衣片来说，先做基础线（开格线），后做轮廓线，然后再做内部结构线。

（3）一般做基础线是由上而下、由中轴到一侧，即先定长度后定宽度。

（4）女夹克衫的放缝：一般款式部位加 1 cm 止口，有登闩和袖口的加 1 cm 止口，领口加 1.5 cm 止口（可修剪）。粘衬缝口同面料。

四、课后作业

（1）按 1∶5 的比例，绘制女夹克衫的结构图。

（2）按 1∶1 的比例，绘制女夹克的结构图，并完成工业样板的制作。

要求：规格设计参考表如表 5-3 所示。

表 5-3　规格设计参考表　　　　　　　　　　　　　　　　　　（单位：cm）

号　　型	部　　位						
	衣长	肩宽	胸围	领围	前腰长	袖长	袖口宽
160/68A	54	38	94	38	40	56	12.5

学习任务二　男夹克衫结构制图

教学目标

（1）专业能力：能正确绘制男夹克衫1:5及1:1结构图，完成1:1纸样制作。

（2）社会能力：能读懂男夹克衫的款式图，并描述其款式特点，能依据款式要求设计合理的规格尺寸；能够灵活应用夹克衫结构制图方法完成男夹克衫工业样板制作。

（3）方法能力：男夹克衫结构图绘制能力、纸样制作能力。

学习目标

（1）知识目标：了解男夹克衫的结构及款式特点。

（2）技能目标：能准确描述男夹克衫款式特征，并进行合理的规格尺寸设计，能完成男夹克衫结构图绘制、纸样制作。

（3）素质目标：养成严谨规范的服装结构制图理念，能够理论联系实际，解决实际生产中男夹克衫制图问题。

教学建议

1．教师活动

（1）借助多媒体技术，以样衣、图片、人台展示等形式帮助学生理解男夹克衫的结构。

（2）通过示范引导学生完成男夹克衫1:5、1:1结构制图，以及1:1男夹克衫纸样制作。

2．学生活动

（1）观察夹克衫样衣、图片及教学人台，认识男夹克衫款式特征。

（2）两两分组完成人体测量，设计男夹克衫制图规格尺寸。

（3）通过观看教师示范完成男夹克衫1:5和1:1结构制图以及1:1纸样制作。

一、学习问题导入

男夹克衫与女夹克衫的款式大同小异,在色彩和装饰图案上略有差别。男夹克衫是男性现代生活中最常见的一种服装,其造型轻便、活泼、富有朝气,深受广大男性青少年所喜爱。男夹克衫胸围放松量较大,较宽松。

二、学习任务讲解

(一)男机车夹克衫结构制图

1. 款式特征

男机车夹克,关门领,门襟装拉链,下摆装登闩,前后衣片有横向分割线,右侧有一个带袋盖的贴袋,以及一个双嵌线装拉链口袋;左侧有方向相反的两个双嵌线装拉链口袋,一个假口袋袋盖。两片袖,大小袖分割线袖口装拉链,袖口加装袖头,如图 5-28 所示。

图 5-28

2. 规格设计

男机车夹克衫规格设计如表 5-4 所示。

表 5-4　男机车夹克衫规格设计表　　　　　　　　　　　(单位:cm)

号　　型	部　　位						
	衣长	肩宽	胸围	领围	袖长	袖口宽	口袋
170/88A	63	47	112	48	60	27	14.5

注:胸围松量为 24 cm;腰围松量为 12 cm。

3. 结构制图

结构制图如图 5-29 和图 5-30 所示。

4. 纸样制作

(1) 袖子处理。

在后袖肘处收肘省 2.2 cm,确保此时的前后袖侧缝长度相等,可按图 5-31(a)上下 0.5 cm 调整;后袖片按后袖窿弧长△+0.5(吃势量)定出小袖片的分割线位置,袖口处 8～9 cm,华顺袖分割线如图 5-31(b)所示;合并肘省,修顺侧缝 d,使得 $d=c,a=b$,操作步骤如图 5-31(c)所示。

在大小袖分割线处定出拉链位置 12 cm,修顺袖口弧线,如图 5-32 所示。

(2) 上下级领处理。

上下级领处理如图 5-33 所示。

(3) 面布纸样。

面布纸样有:前片上、前左片(下)、前右片(下)、后片(上)、后片(下)、后片下摆分割、挂面、登闩、大袖片、小袖片、上级领、下级领、袖头、双嵌袋嵌条、垫袋布、贴袋布、袖贴袋布、有袋盖、左袋盖。参考车缝工艺

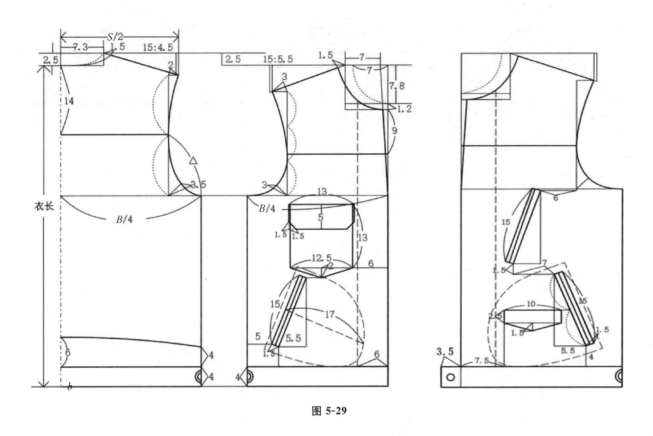

图 5-29

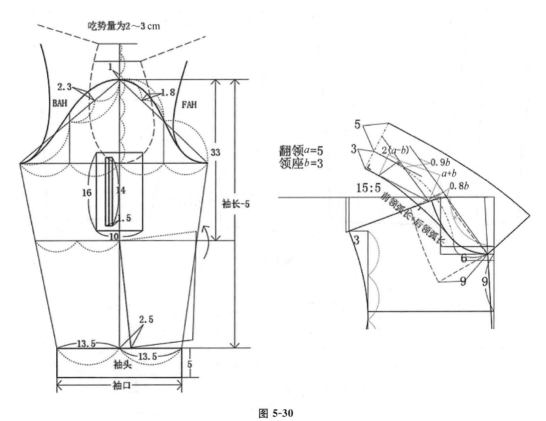

图 5-30

要求,男机车皮夹克由于下摆面料是双层,除贴袋口放缝 2 cm,其余部分全部放缝 1 cm,如图 5-34 和图 5-35 所示。

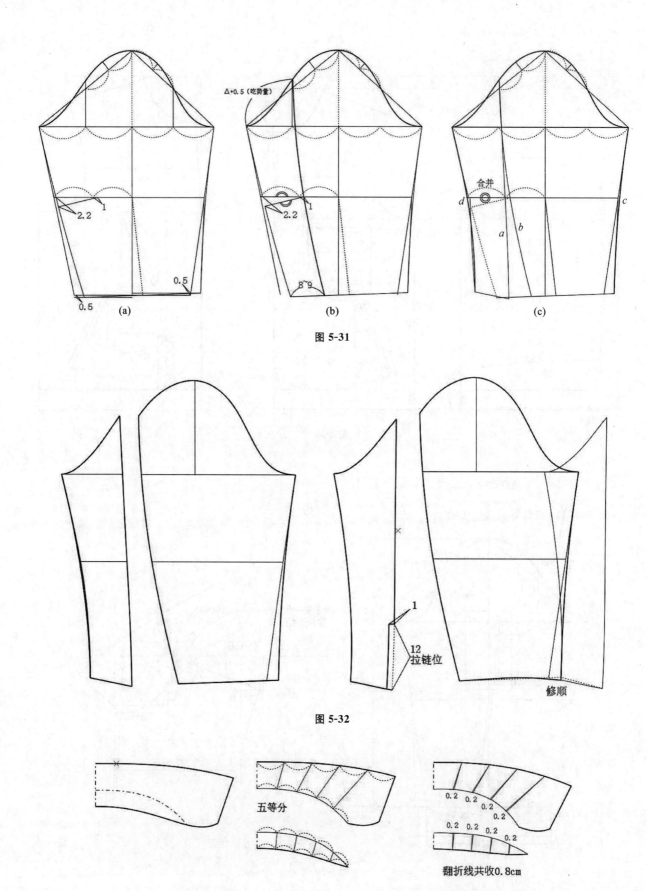

图 5-31

图 5-32

图 5-33

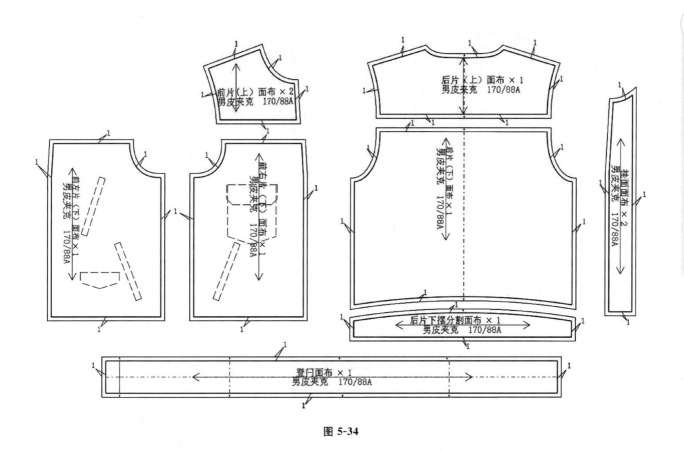

图 5-34

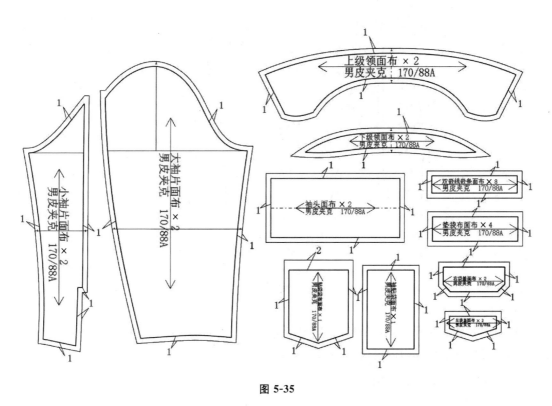

图 5-35

（4）里布纸样。

后片里布后中放出 2 cm 的褶量,后中往下缝合 6 cm,下端缝份 10 cm,做褶;前后片里布不分割,如图 5-36 和图 5-37 所示。

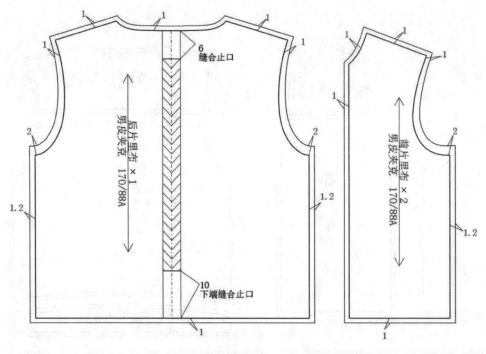

图 5-36

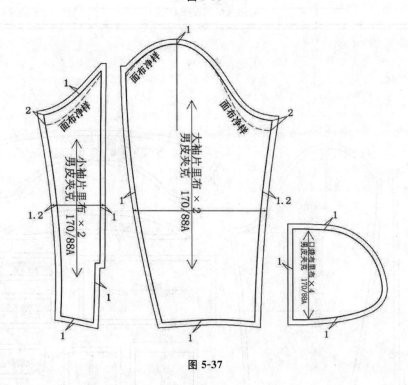

图 5-37

（5）衬布纸样。

本款夹克因用料的特殊性一般不做衬,如果用料为 PU 皮则可采取局部做衬,领面、领底、挂面、袖头、嵌条、袋盖、登门等可加一层针棉做固定用,如图 5-38 所示。

（二）男休闲夹克衫结构制图

1. 款式特征

男休闲工装夹克衫,落肩,宽松型;三片式连帽领,连帽抽绳;前中装拉链,外部搭门四合扣;前片左右各一个有袋盖的贴袋,袋子上分别有两个颜色(BC)的贴布;后片腰线处有折叠活褶;袖子前后分割线,左袖大袖拼接面料 C,右袖小袖片下端拼接面料 B,加装袖头,袖口有袖搭门,搭贴黑丝魔术贴,如图 5-39 所示。

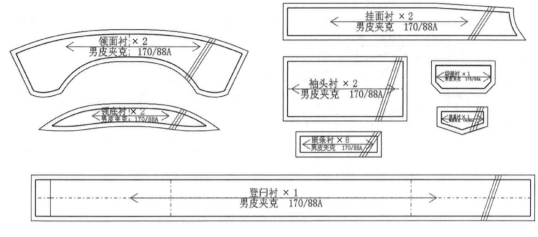

图 5-38

图 5-39

2. 规格设计

男休闲夹克衫规格设计如表 5-5 所示。

表 5-5　男休闲夹克衫规格设计表　　　　　　　　　（单位：cm）

号　　型	部　　位							
	衣长	肩宽	胸围	领围	袖长	袖口宽	口袋	袖头
160/84A	70	48	116	50	58	16	19×15	5

注：胸围松量为 32 cm。

3. 结构制图

结构制图如图 5-40～图 5-42 所示。

4. 纸样制作

（1）面布纸样。

面布纸样有：前衣片、搭门、后片、右大袖片、右小袖片（前上）、右小袖片（前下）、右小袖片（后上）、右小袖片（后下）、左大袖片（上）、左大袖片（下）、左小袖片（前）、左小袖片（后）、帽侧片、帽中片、袋盖、袖头、袖头搭门、贴袋布、左贴袋贴布、右贴袋贴布。（此款休闲夹克整件挂里布，不做挂面）

参考车缝工艺要求，男休闲夹克的贴袋袋口放缝 2.5 cm，袋底做活片放缝 3 cm，其余各部位放缝 1 cm，如图 5-43～图 5-45 所示。

（2）里布纸样。

里布纸样有：前片、后片（后片里布后中放出 4 cm 的褶量，后中往下缝合 10 cm，下端缝份 15 cm，做褶）、袖片、帽中片、帽侧片。

参考车缝工艺要求，男连帽休闲夹克的里布袖侧缝、衣身侧缝放缝 1.2 cm，袖窿弧线下放缝 1.5 cm，袖片袖山弧线底放缝 1.5 cm，其余部位放缝 1 cm，如图 5-46 和图 5-47 所示。

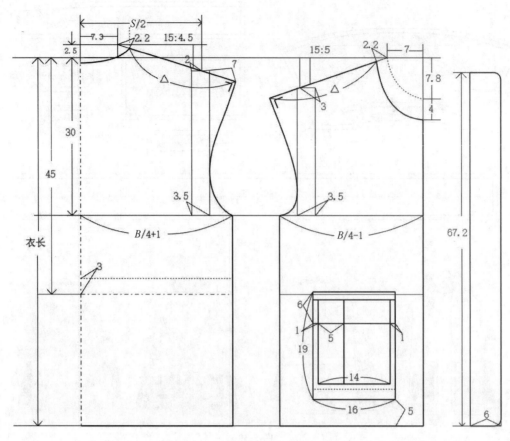

图 5-40

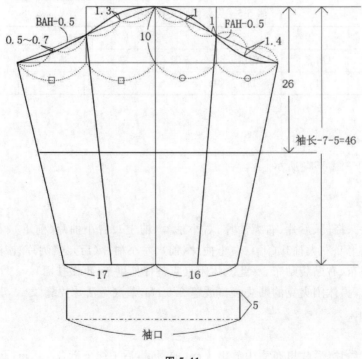

图 5-41

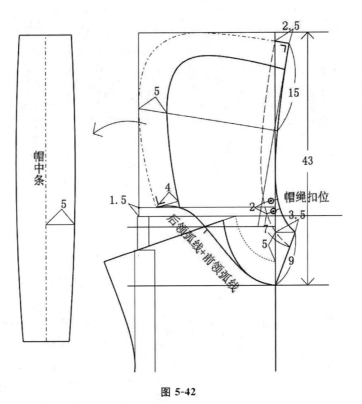

帽中条

5

2.5

7

15

43

5

帽绳扣位

2

3.5

1.5

4

7

9

5

后领弧线+前领弧线

图 5-42

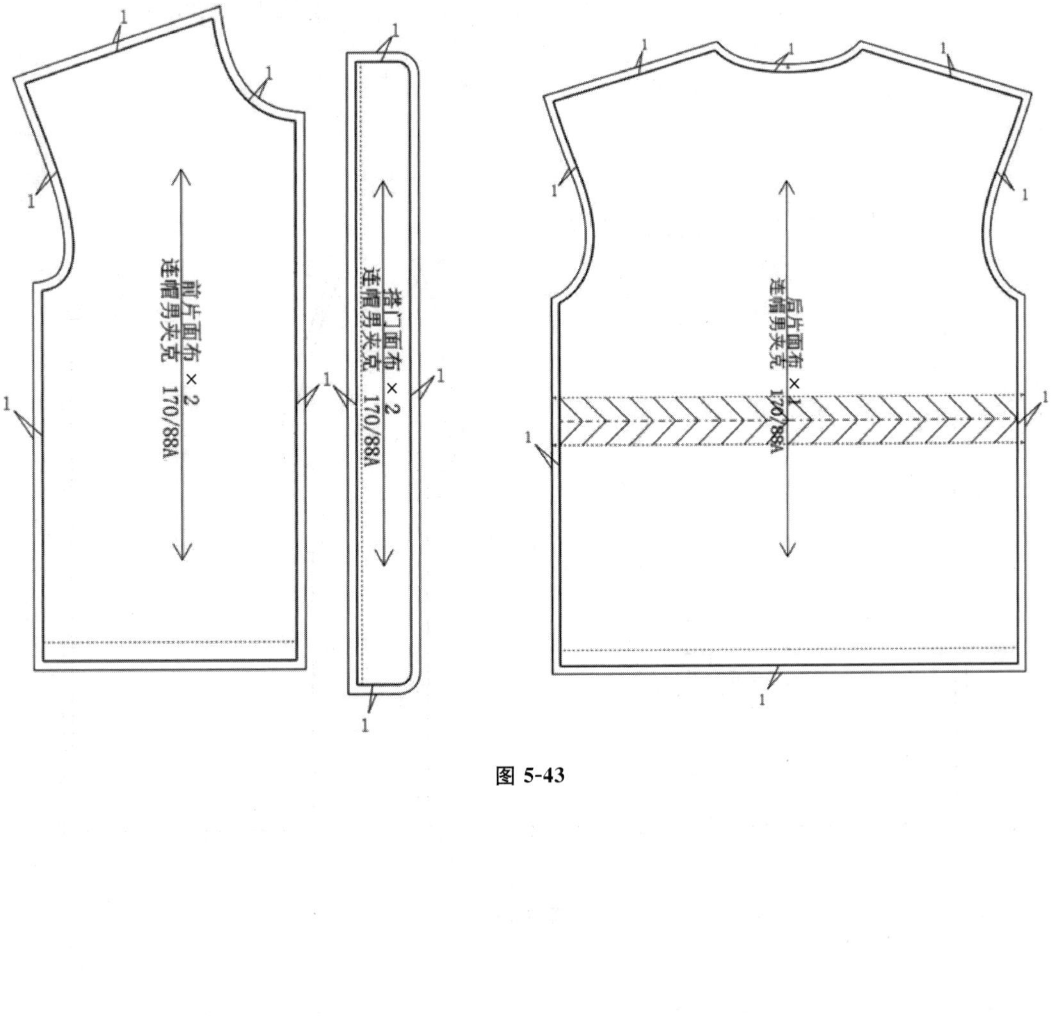

前片面布 连帽男夹克 ×2 170/88A

搭门面布 连帽男夹克 ×2 170/88A

后片面布 连帽男夹克 ×2 170/88A

图 5-43

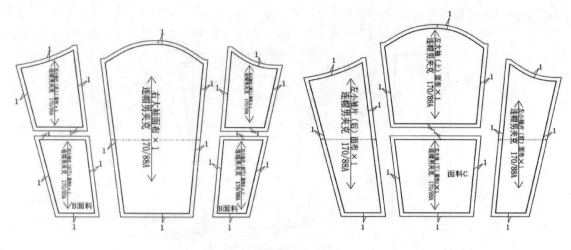

图 5-44

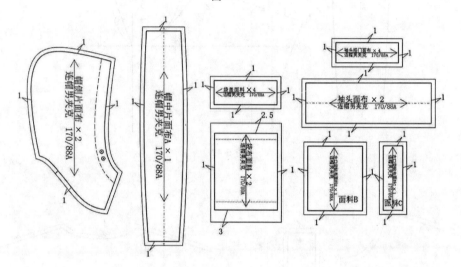

图 5-45

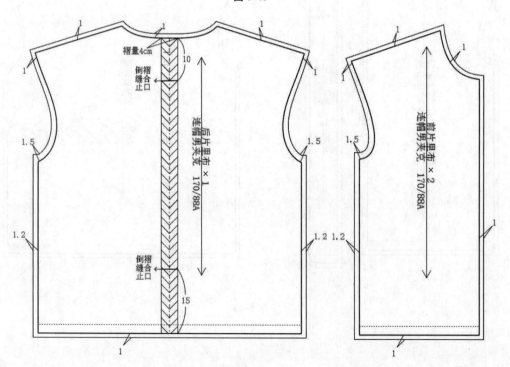

图 5-46

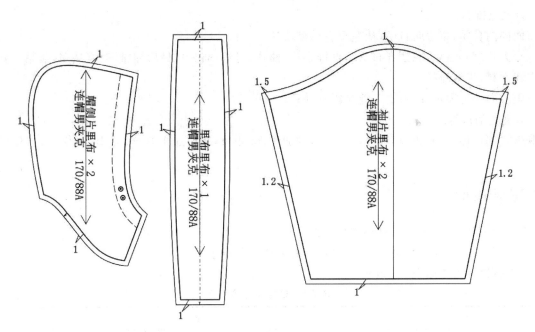

图 5-47

（3）衬布纸样。

衬布纸样包括袖头衬（布衬）、袖头搭门衬（布衬）、袋盖衬（布衬）、搭门衬（布衬），如图 5-48 所示。

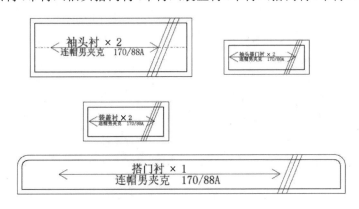

图 5-48

三、学习任务小结

（1）男夹克的结构制图步骤及方法。

①注意各部位规格尺寸的准确性，先画主部件，后画零部件，先画外部框架线，后画内部结构线。

②对于具体的衣片来说，先做基础线（开格线），后做轮廓线，然后再做内部结构线。

③一般做基础线是由上而下、由中轴到一侧，即先定长度后定宽度。

④纸样制作要规范，要有缝制标记（刀眼、钻孔），布纹线标记符合设计要求，说明文字要齐全（产品型号、规格、种类、数量、缝制要求等）

（2）制板要求。

①要符合规格要求，要标注公式、计算正确。

②要合理分配各部位的比例。

③画线要清晰、顺直、准确，弧线要圆顺、线条流畅。

④横线和直线必须要横平竖直，经向、纬向相交要互相垂直，同向和横线、直线要保持平行。要按规定使用标准条及符号。

（3）男夹克排版。

①布面向内合掌，布边向自己，从左至右铺排裁片。

②先排大片（前、后片，底摆齐布头），再排小片（袖片、门襟、袖头），最后插排零件（袋盖，袋贴、领子）。

③先裁面料，再裁辅料。

④排版纹向一定要正确，否则车缝时影响外观。

（4）男夹克的放缝。

一般款式部位加 1 cm 止口，有登闩和袖口的加 1 cm 止口，领口加 1.5 cm 止口（可修剪）。粘衬缝口同面料。

四、课后作业

（1）按 1:5 的比例，绘制男夹克衫的结构图。

（2）按 1:1 的比例，绘制男夹克衫的结构图，并完成工业样板的制作。

要求：规格设计参考如表 5-6 所示。

表 5-6　规格设计参考表　　　　　　　　　　　　　　　　（单位：cm）

号　型	部　位						
	衣长	肩宽	胸围	领围	前腰长	袖长	袖口宽
170/88A	72	48	116	43	44.5	62	13

项目六　西服结构制图

学习任务一　女西服结构制图

学习任务二　男西服结构制图

学习任务一　女西服结构制图

教学目标

（1）专业能力：能正确绘制女西服1:5及1:1结构图并完成1:1纸样制作。

（2）社会能力：能读懂女西服的款式图，并描述其款式特点，能依据款式要求设计合理的规格尺寸；能够灵活应用女西服结构制图方法完成女西服工业样板制作。

（3）方法能力：结构制图能力、纸样制作能力。

学习目标

（1）知识目标：掌握女西服结构图的绘制方法。

（2）技能目标：能准确描述女西服的款式特征，完成结构图绘制、纸样制作。

（3）素质目标：培养学生的观察分析能力，以及科学求实的学风和严谨的思维方法。

教学建议

1. 教师活动

（1）借助多媒体技术，以样衣、图片、人台展示等形式帮助学生认识女西服。

（2）教师进行女西服纸样1:1示范操作，并指导学生进行女西服结构制图实训。

2. 学生活动

（1）观察女西服样衣、图片及教学人台，认识女西服款式特征，建立服装与人体的关系。

（2）两两分组完成女西服人体测量，设计制图规格尺寸。

（3）观看教师示范女西服1:5及1:1结构图绘制和1:1纸样制作和放码，在教师的指导下进行实训。

一、学习问题导入

　　西服旧称洋服,起源于欧洲,在晚清时传入我国。现在,西服已成为必备的国际性服装。尽管时装的流行趋势不断变化,西服始终保持着它的基本造型和格调。就西服的结构而言,它既传统、庄重,又严谨、规范。

二、学习任务讲解

（一）女西服的结构制图

1. 款式特征

　　三开身平驳头西服领,前中单排扣,钉纽3粒,收腰省,腰节线下左右各设双嵌线装袋盖口袋,后中背缝,两片式圆装袖,袖口开衩,钉装饰纽4粒。适用面料:各种全毛或毛涤、呢绒类等,如图6-1所示。

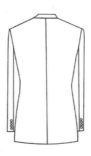

图 6-1

2. 规格设计

　　女西服规格设计如表6-1所示。

表 6-1　女西服规格设计表　　　　　　　　　　　　　　　　　　（单位:cm）

号　　型	部　　位					
	后中衣长	胸围	肩宽	袖长	袖口宽	背长
160/84A	68	98	40	58	12.5	38

注:胸围的放松量因西服合体,加放松量不宜过大,一般为10~14 cm,肩宽稍加大2 cm。

3. 结构制图

　　步骤一:绘制如图6-2所示的结构框架图。

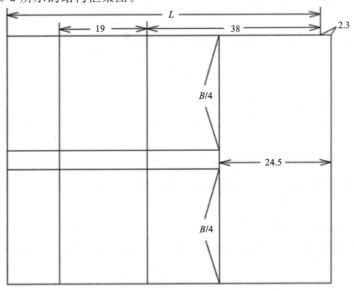

图 6-2

步骤二:绘制前后基础领宽、前后肩斜;定出后肩宽;取后冲肩 1.8 cm 画出背宽辅助线至底边;前后领开宽 0.6 cm;前小肩宽等于后小肩宽减去 0.5 cm,前冲肩设计 2.3 cm,画出前后袖窿弧线,前袖窿处设计 2.5 cm 的基础胸省,如图 6-3 所示。

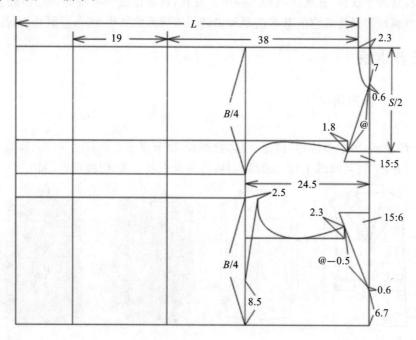

图 6-3

步骤三:绘制后衣片及后腋下片,如图 6-4 所示。

后背收腰 1.5 cm,下摆收 1 cm,画顺后中线;背宽线腰部收腰 4 cm,前侧在下摆处稍张开 1.5 cm;分割线在胸围处剪掉的量(♯ + *)在侧边补足,以保证胸围大小不变。底边弧线修顺成直角。

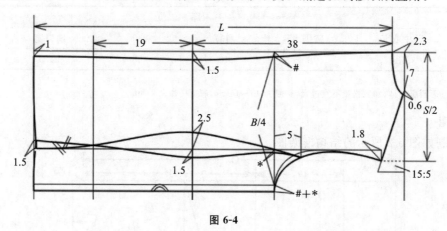

图 6-4

步骤四:绘制前衣片及前腋下片,如图 6-5 所示。

(1) 腋下 1/3 处做底边垂线为前分割线的辅助线,腰节处收腰 2.5 cm,前底摆张开 1 cm;画顺前分割线。

(2) 驳领画法如图 6-6 所示,做领基圆,定出翻驳点,做翻驳线与领基圆相切;根据款式画出领子的翻驳效果;然后按翻驳线对称复制出驳领。口袋及袋布定位如图 6-7 所示。

步骤五:绘制领子,如图 6-8 所示。

(1) 平行翻驳线 0.9a 做出平驳线。

(2) 平驳线与肩线相交点量 a+b,并做垂线长 2(b−a),连接到平驳线与肩线交点,在连接线上取长等于后领弧长。

(3) 画顺领底弧线。

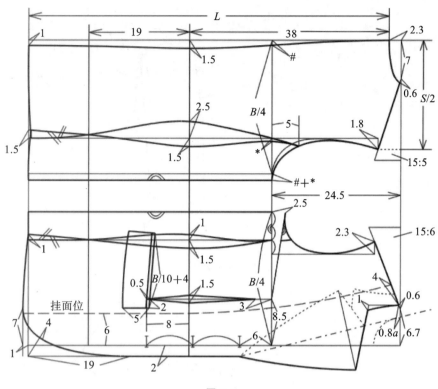

图 6-5

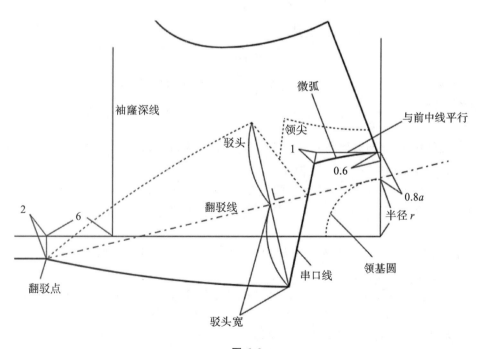

图 6-6

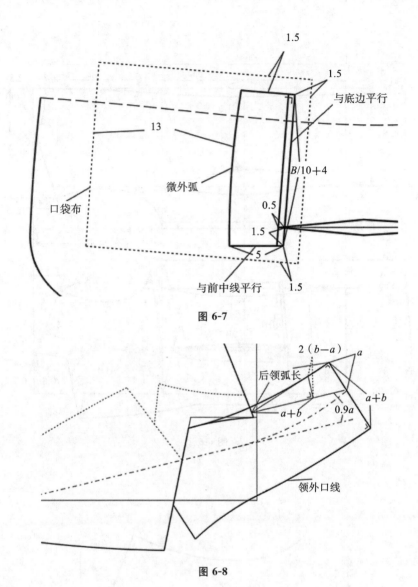

图 6-7

图 6-8

（4）确定后领高线 $a+b$，注意领高线与领底线垂直；领外口线与领后中线垂直。

（5）复制领尖，修顺领外口线。

步骤六：绘制袖子。

（1）绘制一片袖结构，并将前后袖肥分成二等份，定出袖口大位置，如图 6-9 所示。

（2）做出前后袖弯线辅助线，如图 6-10 所示。

（3）定前后袖偏线位置，前偏 3 cm；后在袖肥处偏 1.5 cm，肘线处偏 1 cm 左右，如图 6-11 所示。

（4）用圆顺的弧线连接前后袖偏线定位点，处理袖口直角，并画出袖衩，如图 6-12 所示。

4. 制图说明

（1）三开身结构：由前衣身、侧衣身和后衣身构成。后衣身一般以背宽线为界进行分离，前衣身在前腋下部位进行分离，具体分割位置参考最终款式而定。

（2）领开宽：考虑衣服属外套类，因此领口在基础领宽上开大 0.8 cm，一般合体西装建议领大开宽 0.8 cm 左右。

（3）前衣身下摆低落 1 cm：因人体着装后会呈前长后短状态，为了着装后前后衣身长度的整体平衡，前衣身在下摆处需稍加长。

（4）后肩线比前肩线长 0.5 cm：因人体背部稍凸，后肩设计适当的吃势，增加肩容量。

（5）肋省的转移：因为前分割线没有经过省尖，不能转移全部省量，剩余的省量考虑转移至开袋处，剪切位置平行于装袋位，从开袋处沿箭头方向剪至肋省省尖点。具体操作方法如图 6-13 和图 6-14 所示。

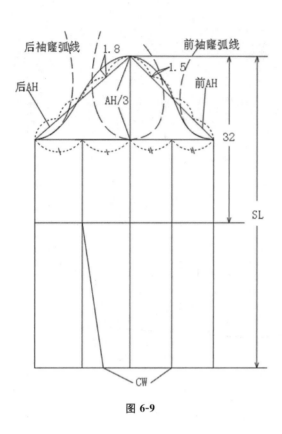

图 6-9

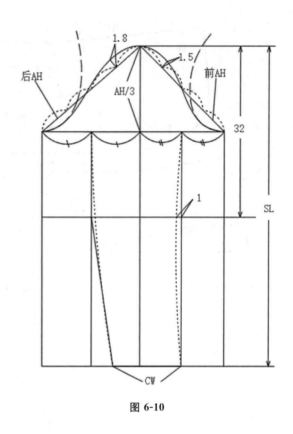

图 6-10

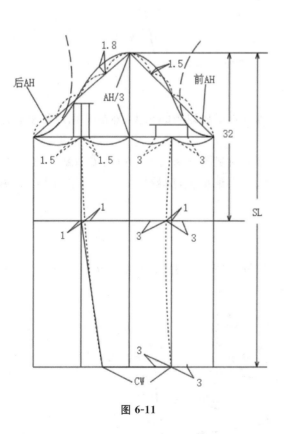

图 6-11

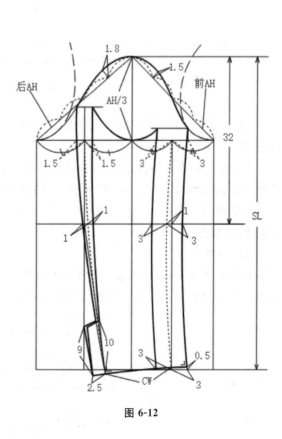

图 6-12

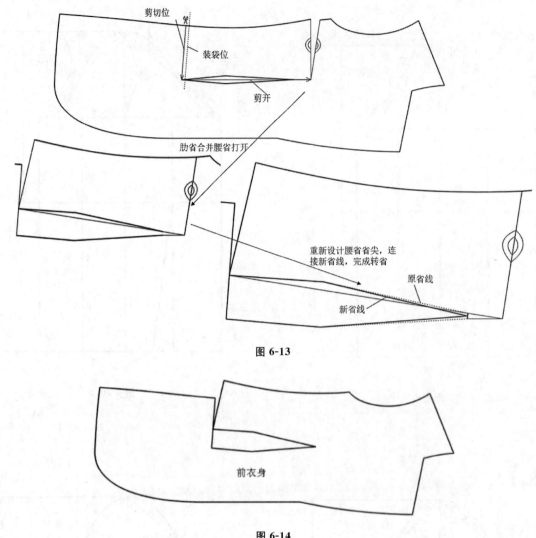

图 6-13

图 6-14

（6）翻驳领：为了更直观地了解制图效果，先在衣身上画出驳领和翻领的领尖，然后采用对称复制形式进行处理。

（7）合体二片袖结构：运用一片袖制图方法，完成二片袖结构制图。采用大小袖互借隐藏前袖缝，后袖缝稍隐藏，前袖缝设计 3 cm 左右偏袖量，后袖缝设计 1.5 cm 左右偏袖量，后袖口因要装钉纽扣不设计偏袖量。袖子容量设计 2.5 cm 左右。

5. 纸样制作

（1）面料纸样。

复制挂面和领子，在翻折线处分别切开追加 0.3 cm 的松量；挂面圆角处减小 0.2 cm，驳头外口、领面外口追加 0.2 cm 里外容量，重新修顺相应弧线和直线，如图 6-15 所示。

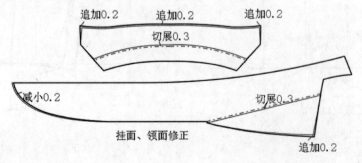

图 6-15

将修正后的挂面、领子及前后衣身、侧片、袋盖、大小袖、开袋嵌条放缝,如图6-16所示。

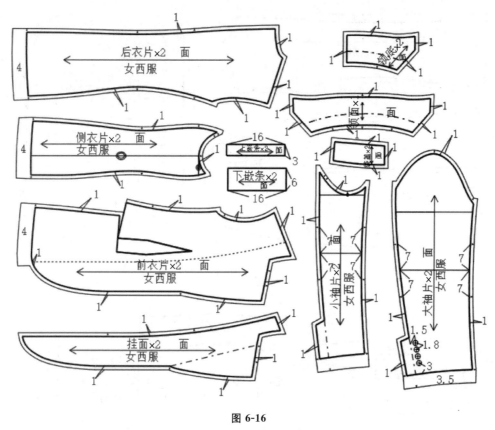

图 6-16

二片袖与衣身对位点如图6-17所示。

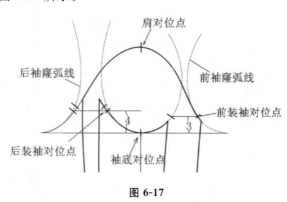

图 6-17

(2)里料纸样。

前衣片沿挂面位分离,保留肋省;大小袖子在袖山处调整袖山弧长后再放缝(因里布袖山容量要减小),样板中粗实线为净样线,如图6-18所示。

(3)衬料纸样。

袋盖、挂面、领面配净样衬;后下摆衬、侧下摆衬、前衣身衬、小袖口衬、大袖口衬、领底衬、上/下嵌条衬如图6-19所示。

(4)净样板。

净样板如图6-20所示。

(二)女西服变化款式结构制图

女西服的变化主要表现在局部的变化上,如西服的摆角或圆或方,钉纽数或多或少,袋型或贴或嵌,叠门或单或双,驳头或宽或窄,领角或方或圆等。

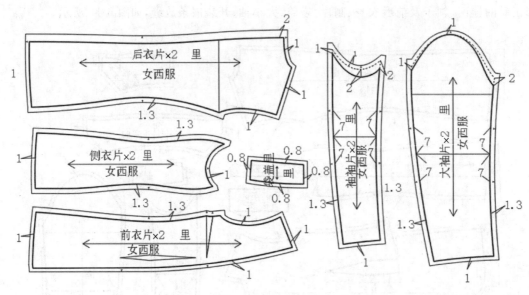

图 6-18

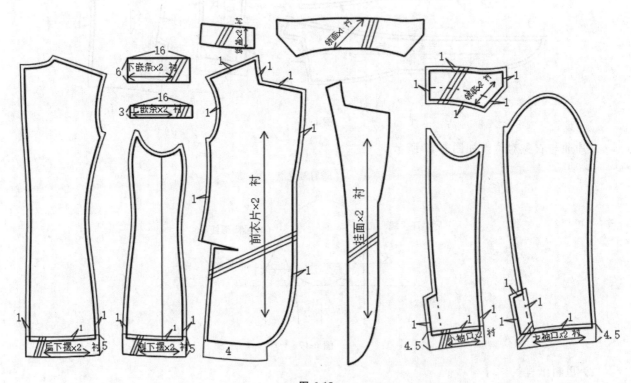

图 6-19

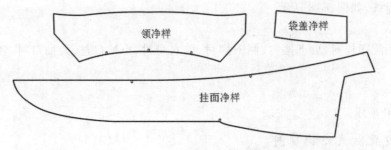

图 6-20

1. 款式特征

戗驳领女西服,前开襟单排 1 粒扣,前后刀背缝分割,前腰节线下左右各设一双嵌线口袋,后中破缝;圆装两片袖,袖口开衩,钉装饰纽 3 粒。适用面料:全毛或呢绒、混纺类面料,如图 6-21 所示。

图 6-21

2. 规格设计

女西服变化款式规格设计如表 6-2 所示。

表 6-2 女西服变化款式规格设计表 （单位:cm）

号 型	部 位				
	后中衣长	胸围	肩宽	袖长	袖口宽
160/84A	68	96	40	58	13.5

3. 结构制图

衣身结构制图如图 6-22 所示。

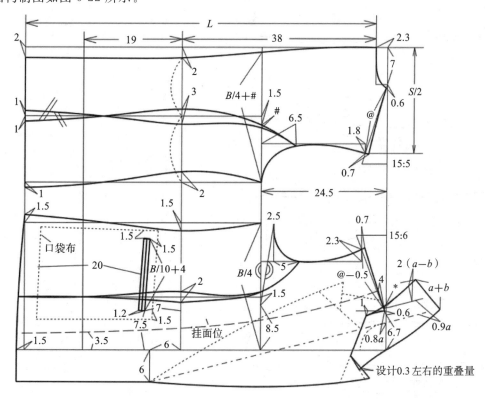

图 6-22

4. 制图说明

（1）前后肩线抬高 0.7 cm 是因肩部加入垫肩,肩斜需减小,抬高量约等于垫肩厚度的三分之二。

（2）前门襟搭门设计 6 cm，考虑前衣襟重叠量较大。

（3）戗驳领结构制图方法按平驳领结构处理，注意调节领嘴形状即可，领嘴设计 0.3 cm 的重叠量是考虑着装后避免领嘴撑开。

5. 纸样制作

衬料纸样、净纸样制作如图 6-23 和图 6-24 所示。

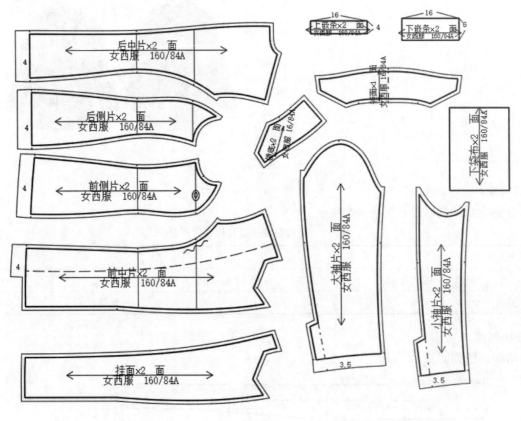

图 6-23

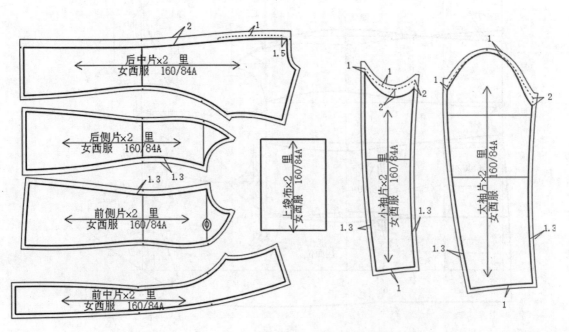

图 6-24

三、学习任务小结

（1）翻驳领、圆装两片袖结构基本上是西服特有结构，必须熟练掌握，并灵活应用。

（2）翻领、挂面的修正方法。

（3）袖子里布纸样的处理方法，需要在袖山处进行抬高，以便减少袖山容量，注意不同位置抬高量的差异。

四、课后作业

完成本任务中女西服款式 1:5 及 1:1 结构制图。

学习任务二　男西服结构制图

教学目标

（1）专业能力：能正确绘制男西服 1:5、1:1 结构图，完成男西服 1:1 纸样制作。

（2）社会能力：能读懂男西服的款式图，并描述其款式特点，能依据款式要求设计合理的规格尺寸；能够灵活应用男西服结构制图方法完成男西服工业样板制作。

（3）方法能力：结构图绘制能力、纸样制作能力。

学习目标

（1）知识目标：了解男西服的款式特点。

（2）技能目标：能准确描述男西服的款式特征；能熟练进行男西服的结构设计和款式设计。

（3）素质目标：培养学生的观察分析能力，以及科学求实的学风和严谨的思维方法。

教学建议

1. 教师活动

借助多媒体技术，以样衣、图片、人台展示等形式帮助学生理解男西服分类，了解熟悉男西服的各个部件打版方法，以及男西服纸样制作。

2. 学生活动

（1）观察男西服样衣、图片及教学人台，认识男西服款式特征。

（2）两两分组完成男西服人体测量，设计制图规格尺寸。

（3）观看教师示范并完成男西服 1:5、1:1 结构制图及 1:1 纸样制作。

一、学习问题导入

男西服是男士服装中最为典型的服装之一,"西装革履"常用来形容文质彬彬的绅士俊男。西装的主要特点是外观挺括、线条流畅、穿着舒适。若配上领带,则更显得庄重、典雅,彰显出绅士风格和男性稳重的气质。

二、学习任务讲解

(一)男西服结构制图

1. 款式特征

三开身平驳头男西服,前中开襟,单排2粒扣,前片左右收腰省,左前片设胸袋,腰节线下左右各设一装袋盖的双嵌线口袋,后中设背缝,两片式圆装袖,袖口开衩钉装饰纽3粒,如图6-25所示。

图 6-25

2. 规格设计

男西服规格设计如表6-3所示。

表 6-3 男西服规格设计表 （单位:cm）

号 型	部 位				
	后中衣长	胸围	肩宽	袖长	袖口宽
170/88A	74	104	45	59	14.5

注:胸围的放松量因西服合体,放松量不宜过大,一般为14～18 cm。

3. 结构制图

步骤一:绘制前、后衣片,腋下片基本框架,如图6-26所示。

步骤二:设计搭门2 cm,参考女西服驳领的绘制方法,完成驳领结构,腋下片、前片收腰,修圆下摆,完成后衣片、腋下片、前衣片结构,如图6-27所示。

步骤三:绘制领子、口袋、腰省,并在口袋处设计0.8 cm的肚省,重新调整前片侧缝及底摆线,肩线处设计1 cm的垫肩容量,使前肩线稍凸0.3 cm、后肩线稍凹0.3 cm,如图6-28所示。

步骤四:绘制袖子,复制袖窿深线、胸宽线、前袖窿弧线、部分后袖窿弧线,使袖窿深线与袖山深线重合,胸宽线与前袖缝直线重合,如图6-29所示。

步骤五:领面分领脚处理,如图6-30所示。

步骤六:设计口袋布结构,如图6-31所示。

4. 制图说明

(1)男西服领的裁配方法与女西服领的裁配方法基本相同,但根据男性体型和款式造型的需要,男西服横开领较大,翻领松度可略小一些。

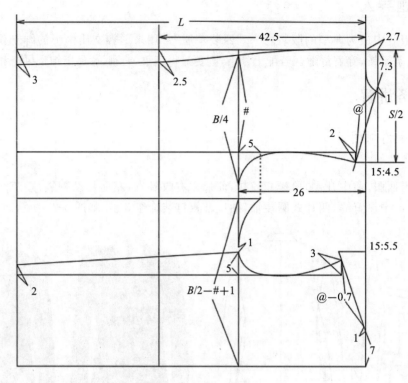

图 6-26

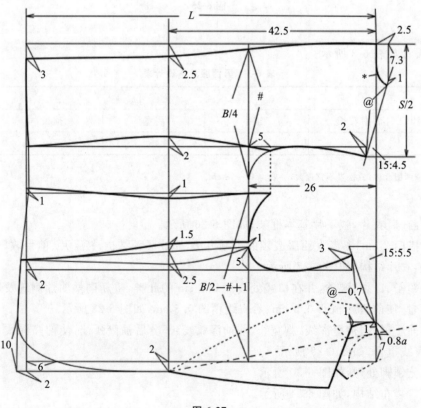

图 6-27

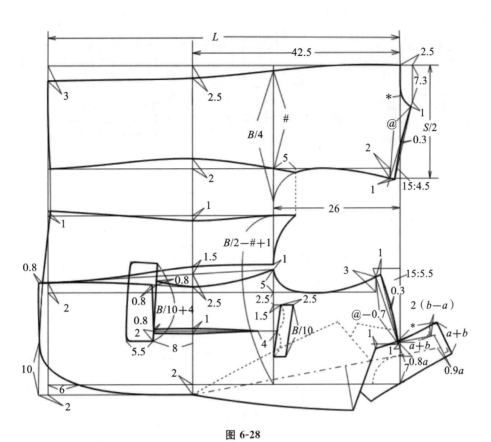

图 6-28

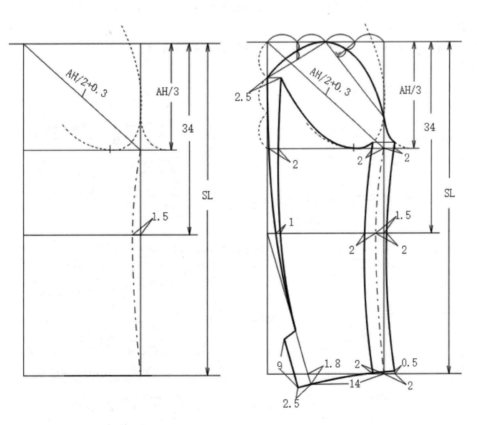

图 6-29

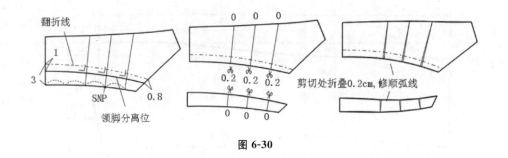

图 6-30

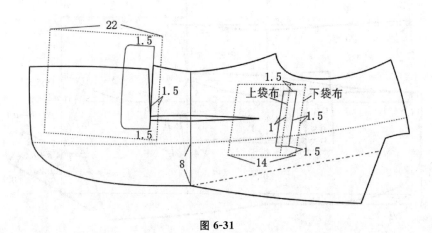

图 6-31

（2）男西服腋下设计 1 cm 的省量，通过大袋直至底边，形成一条分割线，将前衣片分割成两片，大袋口收横省一个，也称肚省，其量的大小应根据体型决定，胸腰差较小（B 体型或 C 体型），省量可略加大一些，相应在腰节处腰省量及侧缝劈量也减少一些。

（3）男西服后衣片在背中下摆可开衩，也可不开衩，或在侧缝开衩。

5. 纸样制作

（1）面料纸样，如图 6-32 和图 6-33 所示。

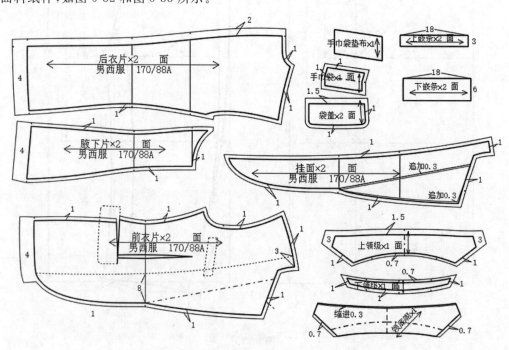

图 6-32

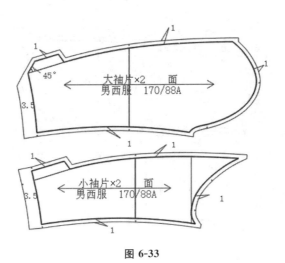

图 6-33

（2）里料纸样，如图 6-34 所示。

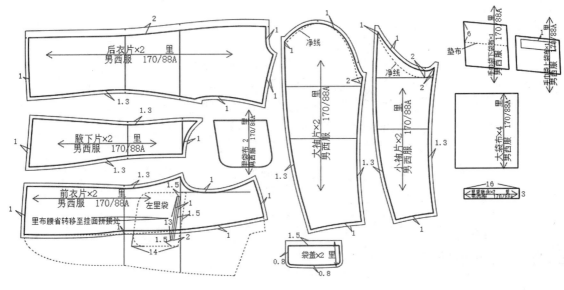

图 6-34

（3）衬料纸样，如图 6-35 和图 6-36 所示。

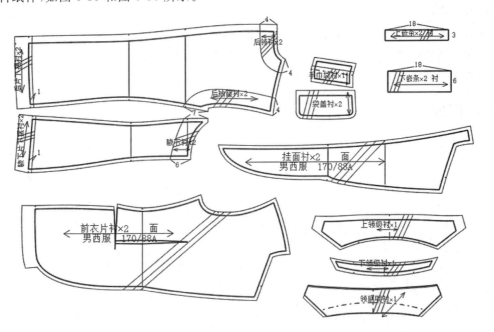

图 6-35

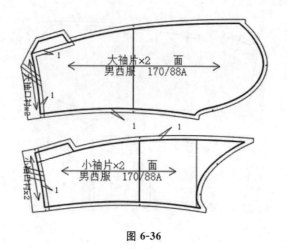

图 6-36

（4）净纸样，如图 6-37 所示。

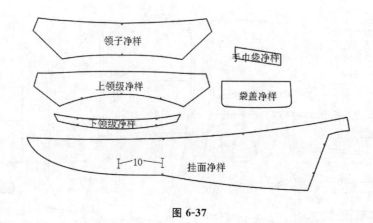

图 6-37

三、学习任务小结

（1）男西服规格尺寸设计。

（2）男西服结构制图方法，男女西服结构制图的异同点，男西服三开身结构处理。

（3）男西服肚省设计。

（4）男西服二片袖结构，注意其与女西服二片袖的区别。

（5）上下领级结构处理方法。

（6）男西服配衬方法。

四、课后作业

完成本任务中女西服款式 1:5 及 1:1 结构制图。

项目七　大衣结构制图

学习任务一　女大衣结构制图

学习任务二　男大衣结构制图

学习任务三　风衣结构制图

7

学习任务一　女大衣结构制图

教学目标

（1）专业能力：认识女大衣分类；理解女大衣与人体之间的关系；能正确绘制女大衣1：5及1：1结构图，完成1：1工业样板制作。

（2）社会能力：能读懂女大衣款式图，并描述其款式特点，能依据款式要求设计合理的规格尺寸；能够灵活应用女大衣结构制图方法完成女大衣系列工业样板制作。

（3）方法能力：会归纳总结女大衣结构制图方法及要点，提高学生自主学习、解决各种制版问题的能力。

学习目标

（1）知识目标：掌握女大衣结构制图的基础知识，掌握女大衣的制图方法及技巧。

（2）技能目标：能准确描述女大衣的款式特征，能完成女大衣结构图的绘制及工业样板的制作，通过制图练习提高学生的动手能力。

（3）素质目标：培养学生的观察分析能力，养成严谨规范的服装结构制图理念，能与人沟通、合作，能够理论联系实际，解决实际生产中大衣制图的问题。

教学建议

1. 教师活动

（1）借助多媒体技术，以样衣、图片、人台展示等形式帮助学生理解女大衣的结构。

（2）通过示范引导学生完成女大衣1：5、1：1结构制图，以及1：1女大衣纸样制作。

2. 学生活动

（1）观察女大衣样衣、图片及教学人台，认识女大衣款式特征，建立服装与人体的关系。

（2）两两分组完成大衣人体测量，设计女大衣制图规格尺寸。

（3）通过观看教师示范完成女大衣1：5、1：1结构制图及1：1纸样制作。

一、学习问题导入

大衣是指尺寸较大、具有防御风寒功能的外衣。根据功能和款式特点可分为三大类,即风雨衣类、披风(斗篷)类、大衣类。也可按长度、面料、用途、廓形等进行分类,如长大衣、中长大衣、短大衣;毛呢大衣、棉大衣、羽绒大衣、裘皮大衣、皮草大衣;H 形大衣、梯形大衣、倒梯形大衣、X 形大衣和圆桶形大衣等等。

大衣的内部结构设计变化丰富,如大衣的领子有关门领和开门领,关门领主要有无领、立领、立翻领、翻领,关门领比较适合冬季的大衣结构,既美观又实用。开门领有翻驳领或驳领。大衣的袖子结构主要有圆装袖(两片袖)、平袖(一片袖)、插肩袖、连袖等。圆装袖一般用在比较合体的大衣结构,平袖、插肩袖、连袖等可以用在舒适宽松的大衣结构中。

大衣的主要材料品种有大衣呢、雪花呢、麦尔登呢、制服呢、海军呢、法兰绒等,其质地柔软厚实,保暖性好。里料及辅料宜柔软、爽滑、透气、卫生、抗皱力强,其伸缩率应与面料相吻合,不破坏设计师所追求的立体效果。

二、学习任务讲解

(一)双排扣中长女大衣结构制图

1. 款式特点

翻驳领双排扣中长女大衣,X 形造型,开门大翻领,前门襟双排 2 粒扣,内装两粒暗扣,前片两个大斜口袋,装有袋盖,前片左右两个腰省,前后刀背缝分割,后中断缝,后腰拼接装饰带,袖子为圆装袖(两片袖)。可选用高档羊绒或者呢料,适合成熟女士社交或上班时穿着,如图 7-1 所示。

图 7-1

2. 规格设计

双排扣中长女大衣规格设计如表 7-1 所示。

表 7-1 双排扣中长女士大衣规格设计表 （单位:cm）

号 型	部 位				
	后中衣长	胸围	肩宽	袖长	袖口宽
160/84A	101	104	40	57	13

注:胸围松量为 14 cm(参考加放 12~16 cm),领面 13 cm,领座 3.5 cm,口袋较大,开至后片。

3. 结构制图

（1）衣身结构制图，如图 7-2 所示。

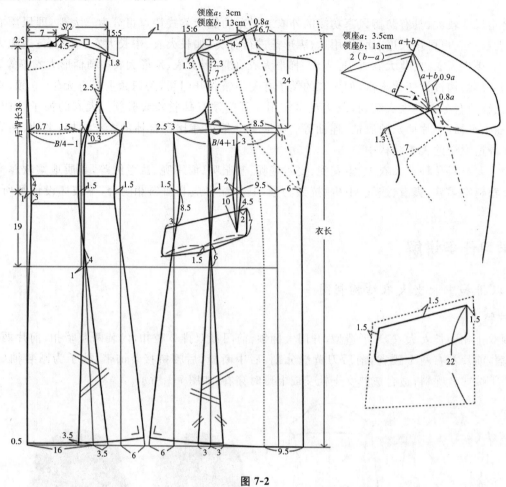

图 7-2

（2）袖子结构制图，如图 7-3 所示。

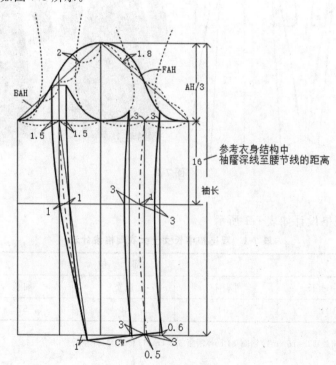

图 7-3

4. 制图说明

（1）前后胸围分配：前胸围＝$B/4+1$，后胸围＝$B/4-1$，四开身结构。

（2）因大衣属于外套类服装，领部为了给里面衣服留活动的松量，领宽的地方需要在原型的基础上适当放宽一个量，为 1 cm 左右。

（3）袖子在制图时，外套容量一般为 3 cm 左右。

5. 纸样制作

（1）前侧片胸省进行省道合并，合并后将线条修顺，如图 7-4 所示。

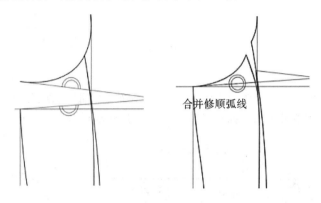

合并修顺弧线

图 7-4

（2）前中片省道转移，将胸省量转移至腰省，距离胸高点 3 cm 左右重新确定省尖点，画顺弧线，如图 7-5 所示。

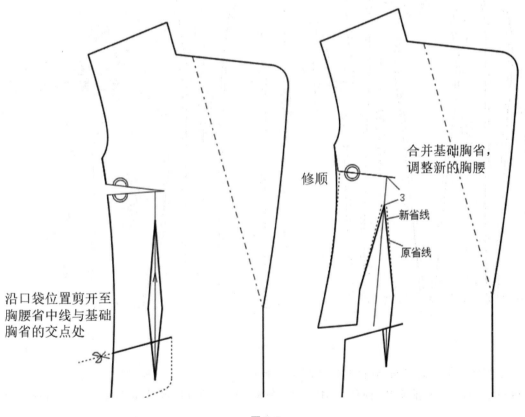

修顺

合并基础胸省，调整新的胸腰

3

新省线

原省线

沿口袋位置剪开至胸腰省中线与基础胸省的交点处

图 7-5

（3）领子领面、领座分离，沿翻折线 1 cm 左右处分割，在分割线上收掉 $1\sim2$ cm 的量，操作步骤如图 7-6 所示。

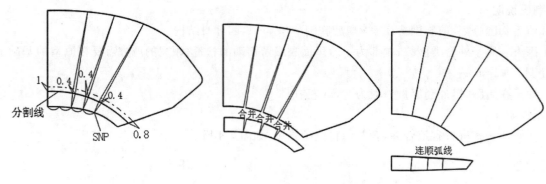

图 7-6

（4）面料纸样。

面料纸样包括前衣片、前侧片、后中片、后侧片、过面、大袖、小袖、袋盖、领面、领座、后腰带、后龟背。参考车缝工艺要求，女大衣下摆放缝 5 cm，袖口放缝 3.5 cm，其他部位放缝 1~1.5 cm，如图 7-7 所示。

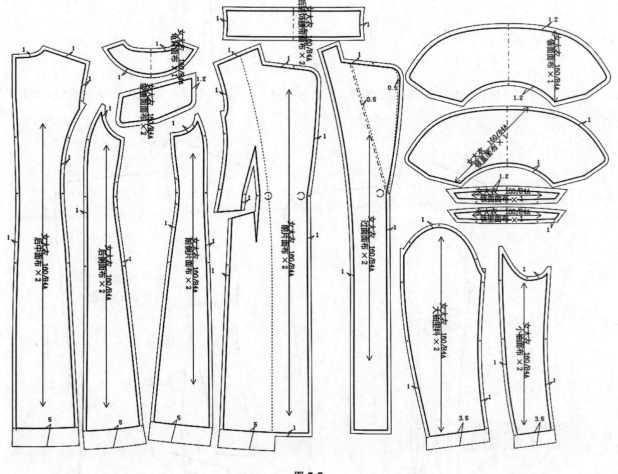

图 7-7

（5）里布纸样。上衣装里布，纸样制作如图 7-8 所示。

（6）衬料纸样。过面、前衣片、前侧片衬，领面、领座，袖山、袖口，衣片袖圈裁片贴满（包括缝份），如图 7-9 所示。

（二）茧型女大衣结构制图

1. 款式特点

宽松茧型女大衣，单排一粒扣。前片口袋为单嵌条挖袋，装有腋下省道，领为西装领，后中破缝，不收腰，袖子为圆装袖（两片袖）。可选用高档羊绒或者呢料，适合休闲或上班时穿着，如图 7-10 所示。

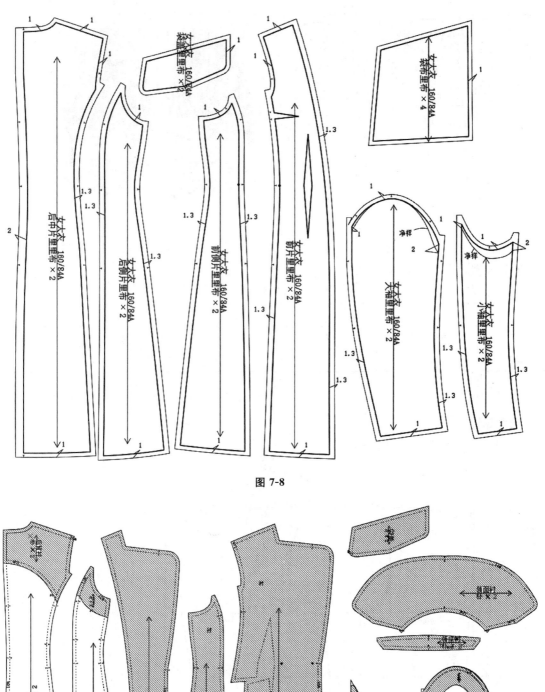

图 7-8

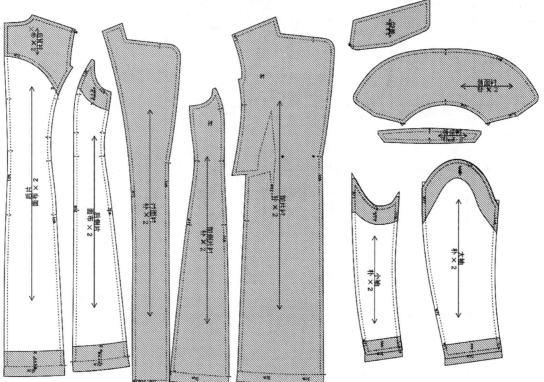

图 7-9

图 7-10

2. 规格设计

茧型女大衣规格设计如表 7-2 所示。

表 7-2　茧型女大衣规格设计表　　　　　　　　　　　　　　（单位：cm）

号　　型	部　　位				
	后中衣长	胸围	肩宽	袖长	袖口宽
160/84A	95	96	42	58	13

注：胸围松量为 14 cm（参考加放 12～16 cm）。

3. 结构制图

前后衣身结构制图，如图 7-11 所示。

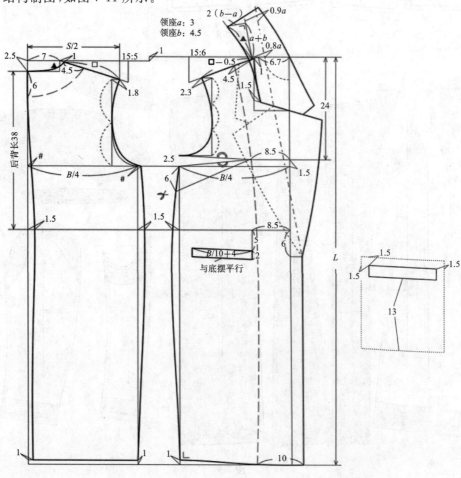

图 7-11

4．纸样制作

肋省的绘制，将基础胸省转移至肋省，省尖点距离 BP 点 3 cm 左右，如图 7-12 所示。

（1）面料纸样。前衣片、后衣片、过面、大袖、小袖、袋唇、领子、后领贴，如图 7-13 所示。参考工艺要求，女士大衣下摆放缝 5 cm，其他部位放缝 1～1.5 cm。

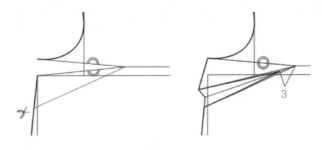

图 7-12

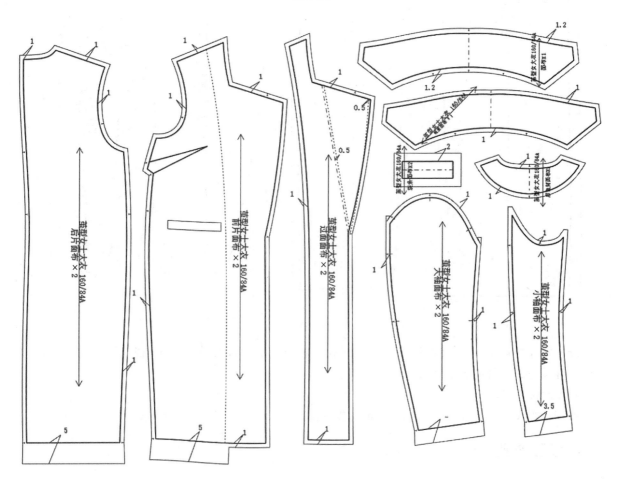

图 7-13

（2）里布纸样如图 7-14 所示。

（3）衬料纸样。过面、前衣片、后衣片、领子、袖山、袖口、袖圈配衬参考图 7-9。

三、学习任务小结

（1）女大衣的结构制图步骤及方法。

①注意各部位规格尺寸的准确性，先画主部件，后画零部件，先画外部框架线，后画内部结构线。

②对于具体的衣片来说，先做基础线，后做轮廓线，然后再做内结构线。

③一般做基础线是由上而下、由中轴到一侧，即先定长度后定宽度。

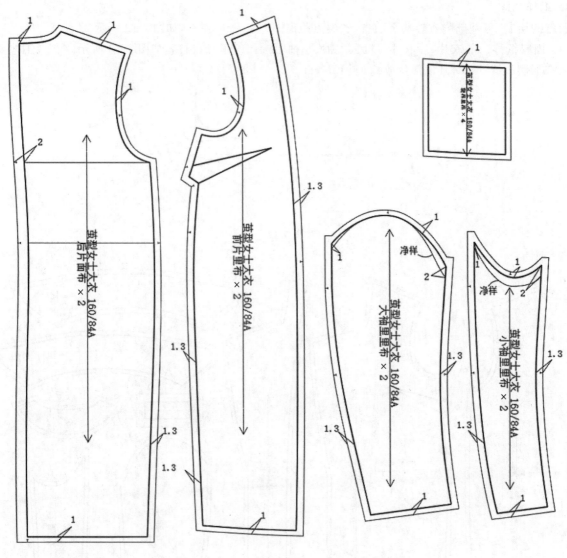

图 7-14

④纸样制作要规范,要有缝制标记(刀眼、钻孔),布纹线标记符合设计要求,说明文字要齐全(产品型号、规格、种类、数量、缝制要求等)。

(2)女大衣放缝。

一般部位加 1～1.5 cm 止口,底缝 5 cm 左右,袖口加 4 cm 左右,领口加 1.5 cm 止口(可修剪)。

四、课后作业

(1)简述女大衣的款式特点。

(2)按 1:5 的比例,绘制女大衣的结构图。

(3)按 1:1 的比例,绘制女大衣的结构图,并完成工业样板的制作。

要求:规格设计参考如表 7-3 所示。

表 7-3　规格设计参考表　　　　　　　　　　　　　　(单位:cm)

号　　型	部　位						
	衣长	肩宽	胸围	领围	前腰长	袖长	袖口宽
160/68A	100	38	94	38	40	56	12.5

学习任务二　男大衣结构制图

教学目标

（1）专业能力：理解男大衣与人体之间的关系；能正确绘制男大衣1:5及1:1结构图、1:1工业样板。

（2）社会能力：能读懂男大衣款式图，并描述其款式特点，能依据款式要求设计合理的规格尺寸；能够灵活应用男大衣结构制图方法完成男大衣工业样板制作。

（3）方法能力：自觉主动地学习，归纳总结男大衣结构制图方法及要点，提高自主学习、解决各种制版问题的能力。

学习目标

（1）知识目标：掌握男大衣结构制图的基本原理，学会男大衣的制图方法及技巧。

（2）技能目标：能准确描述男大衣的款式特征，能完成男大衣结构的绘制、工业样板的制作，通过制图练习，提高学生的动手能力。

（3）素质目标：培养学生的观察分析能力，养成严谨规范的服装结构制图理念，能与人沟通、合作，能够理论联系实际，解决实际生产中大衣制图的问题。

教学建议

1. 教师活动

（1）借助多媒体技术、样衣、图片、人台展示等帮助学生理解男大衣的结构。

（2）通过示范引导学生完成男大衣1:5、1:1结构制图，1:1男大衣纸样制作。

2. 学生活动

（1）观察男大衣样衣、图片及教学人台，认识男大衣款式特征，建立服装与人体的关系。

（2）两两分组完成大衣人体测量，设计男大衣制图规格尺寸。

（3）通过观看教师示范完成男大衣1:5、1:1结构制图以及1:1纸样制作。

一、学习问题导入

现代男大衣大多为直形的宽腰式,款式主要在领、袖、门襟、袋等部位变化。穿着男大衣能展现出男性特有的成熟、稳重、优雅的气质。男大衣的面料多为羊毛、羊绒,高品质呢绒面料,整体观感贵气,彰显身份。

二、学习任务讲解

(一)西装领合体男大衣结构制图

1. 款式特点

长款三开身,较合体,单排三粒扣,西装领,前片腰部有腰省并装有两个口袋,装袋盖,左胸手巾袋,后中破缝,后下摆开叉,圆装袖、两片袖。可选用质地较厚实的面料,如粗仿毛呢、羊毛、羊绒等,适合成熟男士社交或上班时穿着,如图 7-15 所示。

开叉

图 7-15

2. 规格设计

西装领合体男大衣规格设计如表 7-4 所示。

表 7-4　西装领合体男大衣规格设计表　　　　　　　　　　　　　(单位:cm)

号　型	部　位				
	后中衣长	胸围	肩宽	袖长	袖口宽
170/88A	104	108	46	62	15

注:胸围松量为 14 cm(参考加放 16~20 cm)。

3. 结构制图

结构制图如图 7-16 所示。

4. 制图说明

(1)前后胸围分配:前胸围＝$B/4$＋省量,后胸围＝$B/4$＋省量,衣服为三开身结构。

(2)因大衣属于外套类服装,领部为了给里面衣服留活动的松量,领宽的地方需要在原型的基础上适当放宽一个量,为 2 cm 左右。

(3)后背宽应参考肩宽,一般在肩宽的基础上偏进 2 cm 左右,前胸宽在前肩宽的基础上偏进 3 cm 左右。

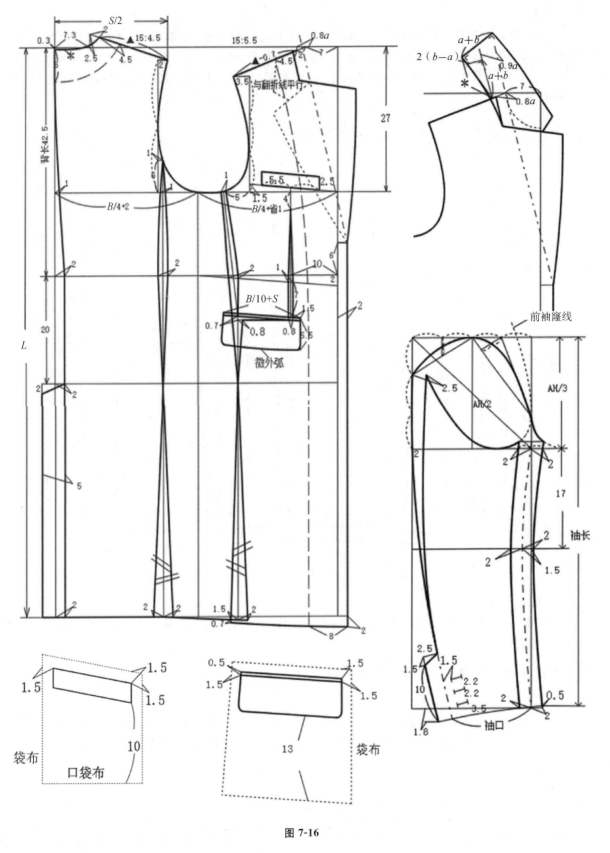

图 7-16

（4）袖子在制图时，需测量前后衣片的袖窿弧线，绘制袖山斜线 AH/2，或 AH/2＋0.3，绘制完成的袖山弧线要比衣服袖窿弧线长 3 cm 左右。

（5）袖子在制图时袖窿底线的弧线，需与前后衣片的袖窿底线弧度相吻合，这样完成的衣服袖底比较平顺，无褶皱，没有多余的量。

5．纸样制作

（1）面料纸样。面料纸样包括前衣片、前侧片、后中片、过面、大袖、小袖、袋盖、领子、后龟背、手巾袋。参考车缝工艺要求，男士大衣下摆放缝 4～6 cm，其他部位缝份 1～1.5 cm。纸样上需标记刀眼、钻眼、不纹线和文字说明，文字说明包括产品型号、产品规格、纸样种类（面、里、衬等类别）、纸样份数、缝制说明等，如图 7-17 所示。

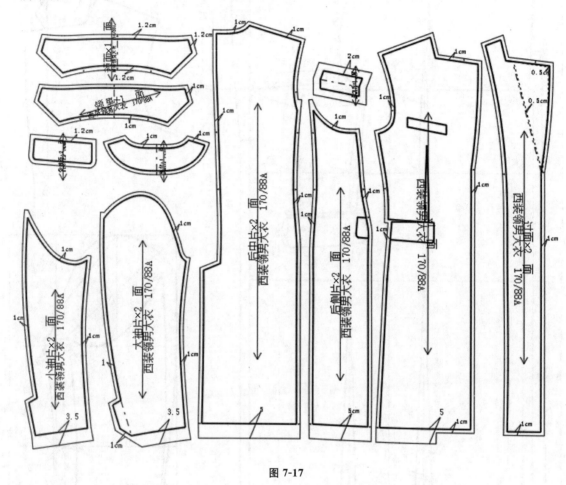

图 7-17

（2）里布纸样如图 7-18 所示。

（3）衬料纸样。过面、前衣片、前侧片衬，领子，袖山、袖口，袋盖，手巾袋，衣片袖圈裁片贴满（包括缝份），如图 7-19 所示。

（二）双排扣戗驳领男大衣结构制图

1．款式特点

戗驳领，三开身，双排六粒扣，前片腰部有腰省并装有两个口袋，装袋盖，左胸手巾袋，后中破缝，后下摆开叉。此款大衣可选用质地较厚实的面料，如粗仿毛呢、羊毛、羊绒等，适合成熟男士社交或上班时穿着，如图 7-20 所示。

2．规格设计

双排扣戗驳领男大衣规格设计如表 7-5 所示。

表 7-5　双排扣戗驳领男大衣规格设计表 （单位：cm）

号　　型	部　　位				
	后中衣长	胸围	肩宽	袖长	袖口宽
170/88A	104	104	46	62	15

注：胸围松量为 16 cm（参考加放 16～20 cm）。

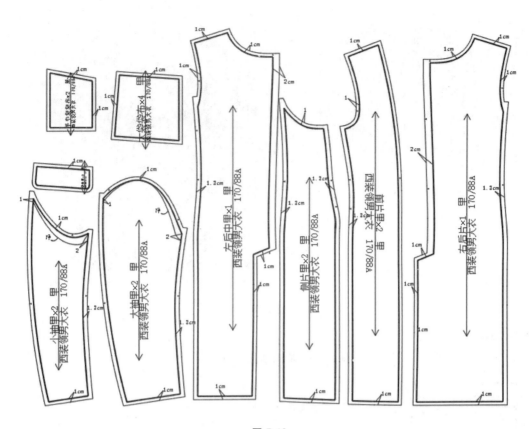

图 7-18

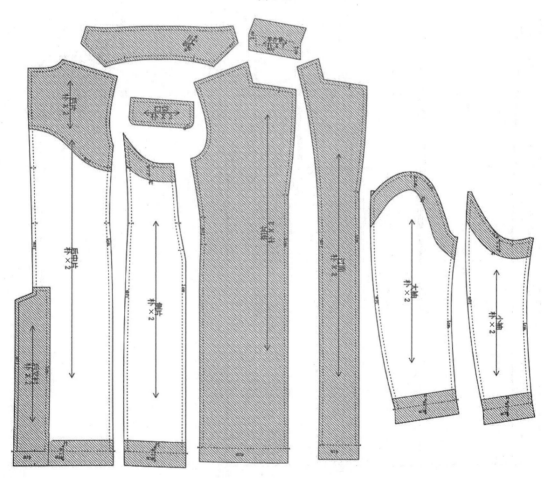

图 7-19

图 7-20

3. 结构制图

前后衣片结构制图如图 7-21 所示,袖子结构制图参考图 7-16。

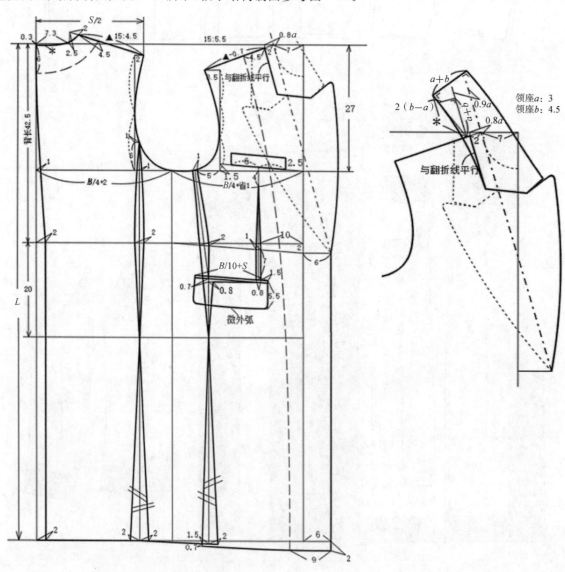

图 7-21

三、学习任务小结

通过本次任务的学习,同学们初步掌握了男大衣结构制图的方法和技巧,以及男大衣基本尺寸的放量,了解了男大衣里料放缝和男大衣贴衬的部位。男大衣松量的加放要求合体,并根据款式需要,胸围松量加 16 cm 左右。在实际生活中,男大衣的放松量也需要参考款式随机变动,宽松型放松量可以在 20 cm 以上。

四、课后作业

(1) 简述男大衣的款式特点。
(2) 按 1:5 的比例,绘制男大衣的结构图。
(3) 按 1:1 的比例,绘制男大衣的结构图,并完成工业样板的制作。

要求:规格设计参考如表 7-6 所示。

表 7-6　规格设计参考表　　　　　　　　　　　　　　　　(单位:cm)

号　　型	部　　位						
	衣长	肩宽	胸围	领围	胸高	袖长	袖口宽
160/68A	106	47	114	38	25	63	15

学习任务三　风衣结构制图

教学目标

(1) 专业能力:认识风衣的概念,能正确绘制风衣结构图、制作风衣纸样。

(2) 社会能力:理解风衣款式图和实物之间的关系,能描述风衣款式特点;能依据款式要求设计合理的规格尺寸,并绘制结构图和制作工业纸样。

(3) 方法能力:培养资料归纳、总结能力,风衣结构制图、绘图能力。

学习目标

(1) 知识目标:认识风衣的概念及风衣的款式特点。

(2) 技能目标:能准确描述风衣款式特征,测量风衣人体尺寸,并进行合理的规格尺寸设计;能完成风衣1:5、1:1结构制图,以及1:1纸样制作。

(3) 素质目标:养成严谨规范的服装结构制图理念,能与人沟通、合作,能够理论联系实际,解决实际生产中风衣结构制图问题。

教学建议

1. 教师活动

(1) 讲解风衣的基本概念及风衣的款式特点。

(2) 借助多媒体技术,利用样衣、图片、人台展示等形式帮助学生理解风衣的款式特点和风衣结构。

(3) 通过示范引导学生完成风衣1:5、1:1结构制图,以及1:1风衣纸样制作。

2. 学生活动

(1) 观察风衣样衣、图片及教学人台,认识风衣款式特征,建立服装与人体的关系。

(2) 分组完成裙装人体测量,并记录结果。

(3) 通过观看教师示范完成风衣1:5、1:1结构制图,以及1:1纸样制作。

一、学习问题导入

风衣起源于第一次世界大战时西部战场的军用大衣,被称为"战壕服"。其款式特点是前襟双排扣,右肩附加挡风片,开袋,配同色料的腰带、肩襻、袖袢,采用缉线缝装饰。战后,风衣在女装中流行起来,后来有了男女之别、长短之分,并发展为束腰式、直筒式、连帽式等形式,领、袖、口袋以及衣身的各种分割线条也纷繁不一,多于春秋季节穿着。

二、学习任务讲解

(一)拼色风衣结构制图

1. 款式分析

衣长膝盖以下,双排扣,后中腰部有松紧带抽褶,束腰带,前后有分割,有带盖口袋,左前、后有挡风片。圆装两片袖,肩部配肩章,整件风衣缉明线,无里,缝份滚边工艺,如图 7-22 所示。

图 7-22

2. 规格设计

拼色风衣规格设计如表 7-7 所示。

表 7-7　拼色风衣规格设计表 （单位:cm）

号　　型	部　　位					
	衣长	胸围	腰围	肩宽	袖长	袖口宽
160/84A	93	98	88	38	57	14

注:胸围松量为 12 cm,腰围松量为 20 cm。

3. 结构制图

结构制图如图 7-23 和图 7-24 所示。

4. 制图说明

(1)制图步骤参考任务一的女大衣结构制图。

(2)前后胸围分配:前 $B/4-0.5$,后 $B/4+0.5$。

(3)前后分割设计:此款风衣为宽松款式,在绘制前后分割线时在腰部适当收省 $1.5\sim2$ cm,分割线注意前片、前侧、后侧、后片的比例。

(4)领座:领座起翘量较大,在绘制水平线时取 1/2 前后领长 -1 cm。

5. 纸样制作

(1)面料纸样。衣片下摆放缝 5 cm;袖口 3.5 cm,挂面和领贴、袋布边缘不放缝,其他部位放缝 1 cm,整件风衣滚边工艺,如图 7-25 所示。

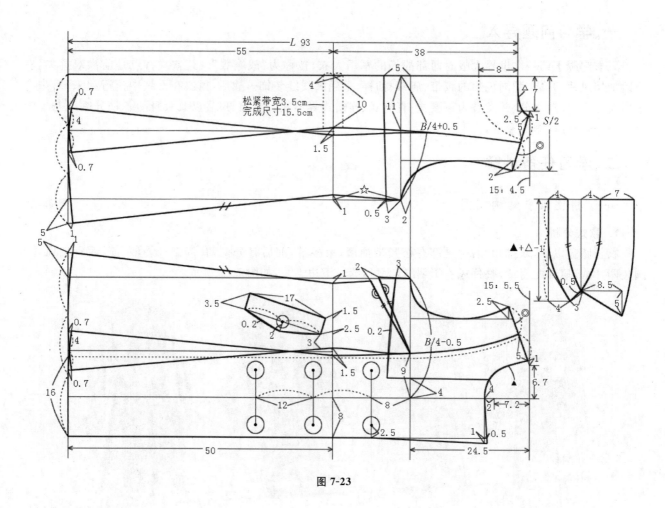

图 7-23

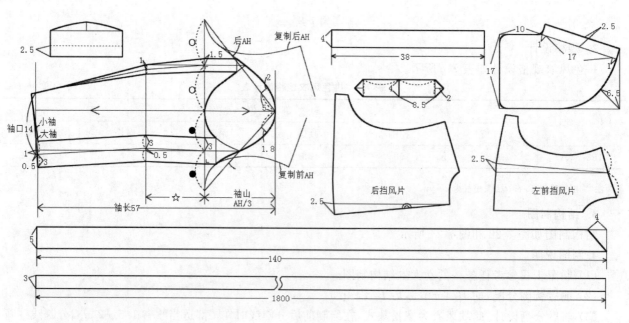

图 7-24

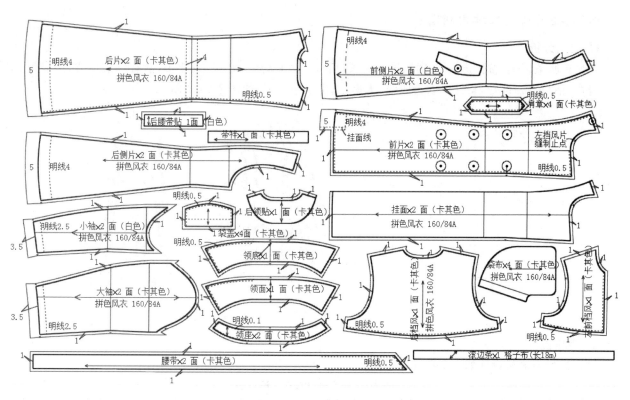

图 7-25

（2）衬料纸样。袋盖、领座、领底、腰带、肩章、挂面、后领贴放缝 0.7 cm，开袋衬用净样衬，使用 30d 雪纺粘合衬，如图 7-26 所示。

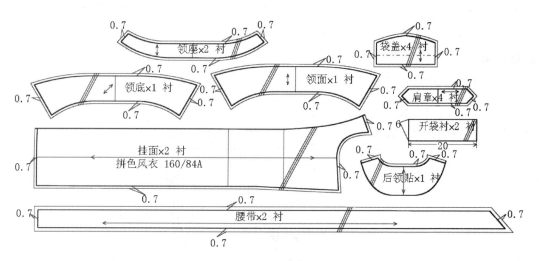

图 7-26

（3）净纸样如图 7-27 所示。

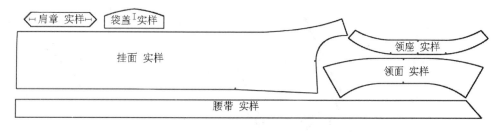

图 7-27

（二）插肩袖风衣结构制图

1. 款式分析

衣长至膝盖以上，整体形为 A 廓双排扣风衣，后有挡风片，后中开衩，束腰带，前有袋盖口袋，插肩袖，肩部配肩章，袖口有袖绑带，整件风衣缉明线，无里，缝份滚边工艺，如图 7-28 所示。

图 7-28

2. 规格设计

插肩袖风衣规格设计如表 7-8 所示。

表 7-8　插肩袖风衣规格设计表 （单位：cm）

号　　型	部　位				
	衣长	胸围	肩宽	连肩袖长	袖口宽
160/84A	88	102	38	70	16

注：胸围松量为 14 cm，此款为插肩袖，袖长尺寸从侧颈点（SNP）开始测量。

3. 结构制图

结构制图如图 7-29 和图 7-30 所示。

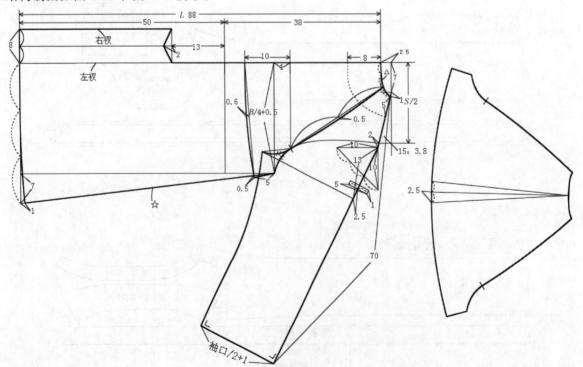

图 7-29

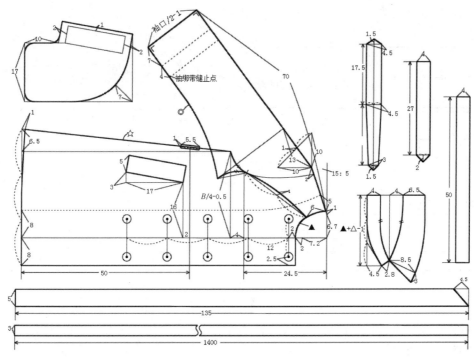

图 7-30

4. 制图说明

（1）制图步骤参考任务一的女大衣结构制图。

（2）前后胸围分配：前 $B/4-0.5$，后 $B/4+0.5$。

（3）后中开衩设计：后中开衩分左衩、右衩。

（4）领座：领座起翘量较大，在绘制水平线时取 $1/2$ 前后领长 $-1\ \text{cm}$。

5. 纸样制作

（1）面料纸样。衣片下摆放缝 $5\ \text{cm}$；袖口 $4\ \text{cm}$，袋布边缘不放缝；其他部位放缝 $1\ \text{cm}$，整件风衣滚边工艺，如图 7-31 和图 7-32 所示。

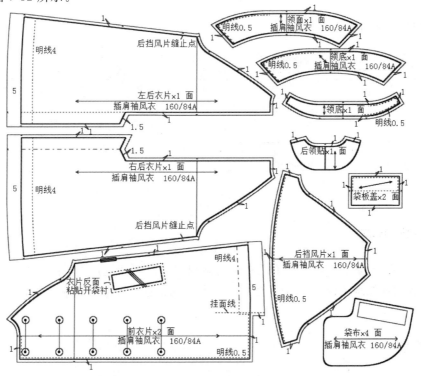

图 7-31

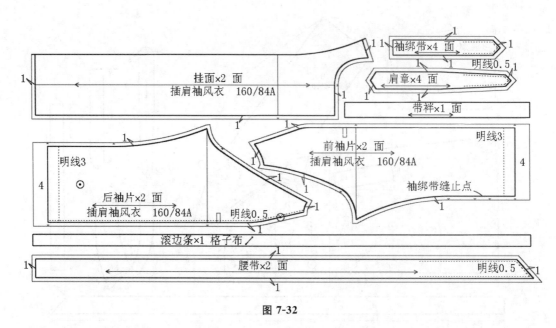

图 7-32

（2）衬料纸样。袋板盖、领座、领底、腰带、肩章、挂面、后领贴放缝 0.7 cm，开袋衬用净样衬。使用 30d
雪纺粘合衬，如图 7-33 所示。

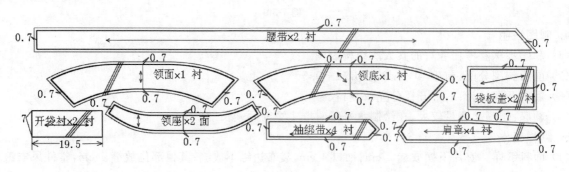

图 7-33

（3）净纸样如图 7-34 所示。

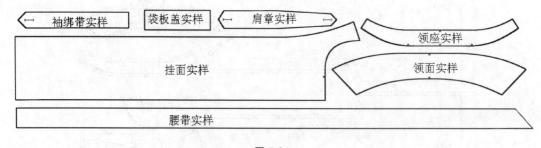

图 7-34

三、学习任务小结

通过本次课的学习，同学们初步了解了风衣结构制图的方法，包括分割线结构、圆装袖结构、插肩袖结构，以及风衣领座和领面结构。课后，大家要依托课堂所学知识进行风衣结构制图实训，提高风衣结构制图的技能。

四、课后作业

完成本任务中相应款式风衣的 1∶5、1∶1 结构制图，并认真阅读教材，熟悉各款式纸样的制作方法。

参 考 文 献

[1]   文化服装学院.服饰造型基础[M].张祖芳,译.上海:东华大学出版社,2005.

[2]   孔庆,骆振楣.服装结构制图[M].北京:高等教育出版社,2016.

[3]   李文东.服装结构制图[M].重庆:重庆大学出版社,2017.

[4]   徐雅琴,马跃进.服装制图与样板制作[M].4版.北京:中国纺织出版社,2018.

[5]   王海亮,周邦桢.服装制图与推板技术[M].北京:中国纺织出版社,2004.

[6]   马仲岭.服装制图与制板[M].北京:人民邮电出版社,2010.